DU PÉTROLE ET DE SES DÉRIVÉS

HISTOIRE, ORIGINE, COMPOSITION, PROPRIÉTÉS

EMPLOIS ET VALEUR COMMERCIALE

DU

PÉTROLE

MÉTHODES EMPLOYÉES POUR LE RAFFINER

PROPRIÉTÉS ET EMPLOIS DE SES DÉRIVÉS

PAR A. NORMAN TATE

CHIMISTE

Secrétaire honoraire de l'Association des chimistes de Liverpool

Traduit de l'anglais

PAR D.-H. BRANDON

Ingénieur-civil, 13, rue Gaillon, à Paris.

PARIS

CHEZ L'AUTEUR, RUE GAILLON, 13

BRUXELLES ET LIÉGE

LIBRAIRIE POLYTECHNIQUE DE DECQ

1864

DU PÉTROLE

ET

DE SES DÉRIVÉS

Paris.   Imprimerie de Dubuisson et C°, rue Coq-Héron, 5.

SOURCES DE PÉTROLE A TARR-FARM, OIL-CREEK, VENANGO

COMTÉ DE PENNSYLVANIE, ÉTATS-UNIS

DU PÉTROLE ET DE SES DÉRIVÉS

Histoire, origine, composition, propriétés, emplois
et valeur commerciale

DU

PÉTROLE

MÉTHODES EMPLOYÉES POUR LE RAFFINER, PROPRIÉTÉS ET
EMPLOIS DE SES DÉRIVÉS

PAR A. NORMAN TATE

CHIMISTE

Secrétaire honoraire de l'Association des chimistes de Liverpool

Traduit de l'anglais

PAR D.-H. BRANDON

Ingénieur-civil, n° 13, rue Gaillon, à Paris.

PARIS

CHEZ L'AUTEUR, RUE GAILLON, 13.

BRUXELLES ET LIÉGE

LIBRAIRIE POLYTECHNIQUE DE DECQ.

PRÉFACE

—

Le pétrole est actuellement devenu un article de commerce de la plus haute importance, et une connaissance intime de cette matière devient une conséquence, presqu'une nécessité, plus particulièrement en raison des préjugés et opinions erronées qui existent touchant ses propriétés. Une grande quantité de renseignements se trouve éparpillée dans nos nombreux journaux scientifiques; mais il n'existe pas, que je sache, un ouvrage spécial consacré au pétrole. C'est pour combler, jusqu'à un certain point, cette lacune, que j'ai préparé ce petit ouvrage, avec l'espérance qu'il sera d'une certaine utilité pour répandre quelques connaissances sur cette précieuse et intéressante substance. Il serait impossible de comprendre dans le cadre de ce petit volume tout ce qui est connu du pétrole, surtout lorsqu'on réfléchit que chaque jour il se révèle de nouveaux faits touchant cette matière; mais j'ai essayé de donner une description aussi complète de l'huile brute et de ses dérivés, que l'espace me permettait. Je recommanderai à ceux qui désirent être constamment renseignés sur le pétrole, la lecture de nos journaux scientifiques, parmi lesquels je signalerai, comme les mieux rédigés : le *Pharmaceutical Journal*, *Chemical News*, *Technologist* et *Oil Trade Review*, et je saisis cette occasion pour reconnaître que j'ai puisé largement dans les colonnes de ces journaux.

Je dois également rendre un tribut reconnaissant à ces messieurs qui m'ont aidé à obtenir des renseignements : je nommerai particulièrement MM. Holt et Banner de cette ville, auprès desquels j'ai non-seulement puisé des renseignements précieux, mais qui m'ont fourni de nombreux échantillons de pétrole et de ses dérivés, qui m'ont été d'une grande utilité pour mes analyses, etc. M. Alexander L. Macrae, qui commande une des premières maisons dans le commerce du pétrole, m'a aussi fourni de nombreux échantillons pour le cours public que j'ai fait au mois de décembre dernier, à la Bibliothèque municipale de Liverpool, et qui ont été aussi d'une grande utilité comme matières d'analyse.

A. Norman TATE.

Liverpool, 28 juillet 1863.

DU PÉTROLE ET DE SES DÉRIVÉS

—

CHAPITRE PREMIER.

HISTORIQUE.

Pétrole connu des anciens. — Mer Morte. — Puits dans les îles Ioniennes et l'île de Zante. — Feux païens. — Sources d'Italie et de Sicile. — Puits de la Perse. — Huile de Rangoon. — Pétrole connu des premiers colons français en Amérique. — Anciens puits et leurs appareils décrits par le Dr Hildreth en 1836. — Rapports géologiques sur le Canada occidental. — Dépôts de bitume à Enniskillen. — Commencement du commerce actuel.

L'existence du pétrole n'est pas une découverte récente, car il était indubitablement connu et employé à différents usages il y a au moins quatre mille ans.

La date la plus reculée de l'existence du pétrole est établie d'après les ruines de Ninive, les murailles de cette ville étant construites avec un mortier asphaltique, et l'asphalte employé a été obtenu par l'évaporation du pétrole. — Dans la construction d'une

autre cité ancienne, — Babylone, — l'asphalte a été
également employé, le pétrole, dans ce cas, étant
obtenu des sources d'Is, situées à environ cent qua-
tre-vingt douze kilomètres au-dessus de Babylone,
sur les bords de la rivière Is, qui est un petit tri-
butaire de l'Euphrate. Ces sources attirèrent l'attention d'Alexandre, de Trajan et de Julien; elles existent encore de nos jours, et le pétrole qu'on en obtient
est employé sur une grande échelle pour l'éclairage
des villages avoisinants.

Une substance dérivée du pétrole était employée
par les Égyptiens pour embaumer leurs morts.

L'existence du pétrole dans la mer Morte a été
connue de temps immémorial. La matière bitumi-
neuse se trouve au centre de la mer à l'état liquide;
mais, sur les berges, elle se présente en masses du-
res et compactes, résultant, en toute probabilité, de
l'évaporation du liquide.

Dans une des îles Ioniennes, il existe une source
qui a rendu du pétrole pendant plus de deux mille
ans. Hérodote parle des puits de Zacynthe, le Zante
moderne; et Plutarque décrit une mer de feu ou lac
de pétrole brûlant, près d'Ecbatana.

Les feux perpétuels qui brûlaient sur les autels
païens ont été, on suppose, empruntés à des sources
d'huile minérale enflammée à la surface.

Pline et Dioscoride parlent du pétrole d'Agrigente
en Sicile, que l'on brûlait dans les lampes sous le
nom d'huile sicilienne. Le pétrole dérivé des sources
d'Amiano, en Italie, était déjà employé pour l'éclairage
de la ville de Gênes.

Les sources de Bakou, en Perse, dans le voisinage
de la mer Caspienne, jouissent d'une grande célébrité
et ont rendu des quantités immenses d'huile.

Les sources de pétrole de Rangoon, sur les bords de l'Irawaddi, dans l'empire Birman, passent pour avoir été connues et exploitées depuis des siècles, et elles comptent encore comme les sources les plus puissantes ainsi que les plus abondantes qu'on ait encore découvertes. Dans cette localité, il n'y a pas moins de cinq cent vingt puits, donnant annuellement quatre cent mille fûts.

L'existence du pétrole en Amérique, quoi qu'on en pense, est loin d'être une découverte récente. Il n'y a aucun doute qu'il était connu des premiers colons français, ainsi que des Indiens de la Pennsylvanie occidentale. D'anciens puits à huile avec leurs appareils ont été découverts dans le Canada occidental et dans la Pennsylvanie, attestant l'existence certaine de travaux humains d'une grande antiquité. Entre l'embouchure de Oil-Creek et Titusville, Pennsylvanie, on voit d'anciennes cuves, et de grands arbres fleurissent actuellement sur le sol provenant du fonçage de puits destinés à recueillir l'huile qui s'écoulait des sources.

Les Indiens Seneca ont connu le pétrole de longue date, et l'huile seneca ou genessée a, depuis bien des années, été appréciée, recueillie et employée à des usages médicaux ; il en a été de même de la substance connue sous le nom de goudron des Barbades.

Des sources de pétrole, produisant de cinquante à cent fûts d'huile annuellement, sont mentionnées par le docteur Hildreth comme existant en 1836 dans la vallée de Little Karnawka-Virginie. M. Murray, géologue canadien, a, en 1844, signalé l'existence de bitume liquide dans la pierre à chaux cornifère du Canada occidental. Cette substance est également citée dans les rapports géologiques sur le Canada occidental en 1850, 1851 et 1852.

C'est en 1853 que l'attention fut appelée sur les dépôts de bitume à Enniskillen, Canada, et l'année 1857, M. W. M. Williams, de Hamilton, commença avec d'autres personnes la distillation du bitume goudronneux ; mais ils ne tardèrent pas à découvrir qu'en forant des puits dans l'argile située en dessous, ils pouvaient obtenir en grande quantité une matière similaire à l'état liquide. On fora alors de nombreux puits dans le voisinage d'Enniskillen, d'où l'on obtint des quantités considérables d'huile.

C'est cependant de l'année 1859 qu'on peut dire que date le commerce actuel du pétrole. Au mois d'août de cette année, une source d'huile fut obtenue à Oil-Creek, comté de Venango, Pennsylvanie, en forant un puits artésien à une profondeur de vingt et un mètres, qui rendit pendant plusieurs semaines une quantité quotidienne d'huile équivalente à quatre mille cinq cents litres.

La nouvelle de cette découverte se répandit rapidement et attira un grand concours de personnes dans cette localité, et avant la fin de l'année 1860, cent puits avaient été forés, dont plusieurs rendaient de grandes quantités d'huile. Cependant, un certain nombre ne donna aucun résultat, ce qu'il faut attribuer au défaut de connaissance dans le choix des terrains percés.

Depuis ce moment, cette industrie s'est accrue d'une manière extraordinaire, et, actuellement, elle promet de devenir une des plus importantes du monde.

CHAPITRE II.

—

DES GISEMENTS DU PÉTROLE ET DE SON EXTRACTION.

Localités où se trouve le pétrole. — Exploitation de l'huile à Rangoon. — Forage des puits en Amérique. — Description des puits. — Puits de Shaw. — Rendement de différents puits. — Transport de l'huile des puits aux ports d'embarquement. — Approvisionnement.

Nous avons déjà mentionné plusieurs endroits d'où le pétrole est obtenu, et, de fait, il se trouve dans toutes les parties du monde.

En Europe, il y a les sources anglaises et écossaises ; les sources de Neufchâtel, en Bavière ; d'Amiano et de Saint-Zelo, en Italie ; de Clermont et Gobian, en France ; celles existantes dans les îles Ioniennes et en Sicile, et dans différents autres pays.

En Asie, il y a les sources de Bakoun, en Perse, celles de Rangoon, dans le Birman ; celles de la mer Morte ; les sources de Hit ; celles qui existent dans plusieurs des îles de l'archipel Indien, et cette matière se trouve jusqu'en Chine.

L'Afrique aussi en fournit. Il y a quelques années, on importait à Liverpool du pétrole d'Afrique ; mais les quantités considérables envoyées d'Amérique ont fait cesser ce commerce. Quoi qu'il en soit, depuis quelques mois, de nouvelles quantités de ce pétrole africain ont reparu sur la place. MM. Holt et Banner, de Sweeting-Street, Liverpool, ayant eu la bonté de m'en fournir un échantillon, j'en ai fait l'analyse, que je donne ultérieurement.

L'existence du pétrole en Afrique est constatée par le D\u2070 Livingstone dans ses *Missionary Travels in South Africa*.

C'est cependant en Amérique qu'on trouve les plus grandes quantités de pétrole. Il est probablement plus généralement répandu qu'on ne croit dans le sol de l'Amérique, et plus particulièrement dans celui des États-Unis. On l'obtient actuellement dans les États de New-York, Kentucky, Virginie, Ohio et Pennsylvanie, ainsi que dans le Texas, le Canada, la Nouvelle-Écosse, le Nouveau-Brunswick, la Terre-Neuve, et même sur les bords de la rivière Mackensie. On a également commencé à explorer et forer des puits dans l'Alabama, la Géorgie, le Tennessée et le Maryland.

Le pétrole se trouve également dans plusieurs endroits de l'Amérique centrale et méridionale. Les sources de la Havane ont été connues des Espagnols dès les premières années de leur colonisation dans ce pays.

Le lac de goudron de l'île de la Trinité est connu du monde entier. Il a une circonférence excédant cinq kilomètres, et est situé en tête du port de la Brae. Le D\u2070 Gesner le décrit en ces termes : — « Le bitume, de la consistance de mortier peu épais, coulait des flancs d'une colline, et s'acheminait vers la mer en passant par-dessus d'autres couches plus compactes. A mesure que cette substance semi-solide et sulfureuse avance, et est exposée à l'atmosphère, elle se solidifie, mais n'en continue pas moins sa marche

et son empiétement sur le port. La surface du bitume
est occupée par de petites nappes d'eau claire et transparente, dans laquelle se trouvent différentes espèces
de jolis poissons. La mer, près du rivage, dégage des
quantités considérables de naphte, provenant de
sources souterraines, et l'eau est souvent recouverte
d'une couche d'huile qui reflète les couleurs de l'arc-
en-ciel. »

On a découvert aussi de grandes quantités de pétrole en Californie.

EXPLOITATION DES SOURCES DE PÉTROLE.

Différentes méthodes ont été employées pour obtenir le pétrole. A Rangoon, le procédé en usage est
excessivement simple : les puits sont situés à environ
trois kilomètres du village de Yak, près Goung, où
ils occupent un espace de trois kilomètres carrés ; ils
ont une profondeur variant de 61 à 91 mètres, de
petit calibre, et soutenus par des échafaudages. La
température de l'huile, amenée à la bouche du puits,
accuse en moyenne 31°.6 centigrade.

Un vase en poterie est abaissé dans le puits, suspendu à une corde passée sur une poutre à cheval sur
l'ouverture, et il est ramené à la surface par deux indi-
gènes qui, saisissant la corde, s'écartent du puits en courant jusqu'à ce que le vase arrive à la surface. Le contenu du vase est répandu dans un petit étang, où l'eau
qu'il contient se précipite au fond, tandis que l'huile
est enlevée surnageant à la surface. Elle est exportée
dans des pots de terre contenant environ 14 kilogrammes chaque ; elle a aussi été expédiée en Angleterre sur des navires de 1,000 tonneaux, pourvus de
bâches en fer. Un seul puits rend de 600 à 700 kilogrammes par jour, et quelquefois on en obtient jus-

qu'à 900 kilogrammes par jour, le rendement en huile
dépendant, jusqu'à un certain point, de la quantité
d'eau élevée avec l'huile ; chaque puits est exploité
par trois ou quatre ouvriers.

Tant à Rangoon que dans différentes localités des
gisements d'huile en Amérique, le sol est saturé
d'huile, et on y creuse des puits ou cavités profondes
dans lesquels elle suinte, et d'où on l'extrait, soit
avec des poches, soit à l'aide de pompes, pour la charger dans des fûts ou autres récipients appropriés.

Certaines espèces de pierres calcaires poreuses du
Canada occidental sont tellement saturées d'huile,
qu'elles donnent des résultats avantageux lorsqu'elles
sont soumises à la distillation.

FORAGE DES PUITS EN AMÉRIQUE.

L'huile cependant, et spécialement en Amérique, se
trouve, la plupart du temps, accumulée dans des fissures de rocher, et ces fissures sont plutôt verticales
qu'horizontales. La partie inférieure de la fissure contient de l'eau, l'huile surnage sur celle-ci, tandis que
la partie supérieure est chargée de gaz. Le diagramme
ci-joint représente une de ces fissures.

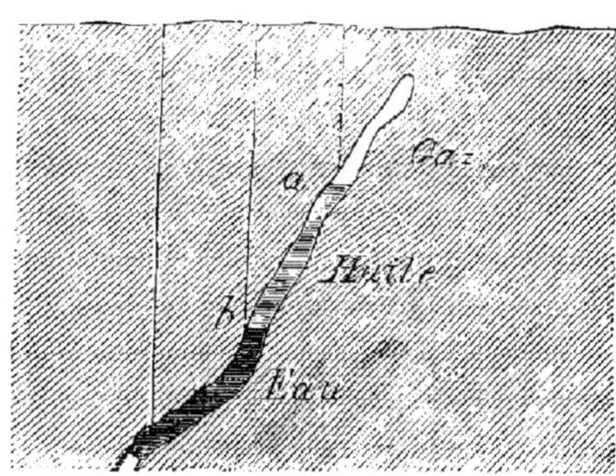

Fig. 1.

Si le puits foré perce la partie inférieure de la fissure, il en résulte que l'eau est refoulée à la surface par la pression de l'huile et du gaz; et si le puits perce un point quelconque, situé entre a et b, l'huile sera refoulée à la surface, et, naturellement, si le puits perce la portion supérieure de la fissure, le gaz seul rejaillira. Des puits ont souvent été abandonnés lorsqu'ils n'ont rendu que de l'eau au lieu d'huile; mais, si on avait d'abord épuisé l'eau à l'aide d'une pompe, on aurait ensuite obtenu l'huile.

On rencontre l'huile à des profondeurs différentes. Le Dr Gesner assure que la profondeur moyenne à laquelle l'huile est atteinte n'a pas dépassé 75 mètres. Il est probable qu'un forage plus profond pourra ultérieurement donner des bénéfices.

Dans certains cas, on obtient une récolte abondante d'huile à une profondeur de 12 mètres, tandis que dans d'autres localités avoisinantes la source d'huile n'a été atteinte qu'à une profondeur de 36 à 48 mètres, et même dans ces circonstances, le rendement a été quelquefois presque insignifiant. Les puits de Mecca, comté de Trumbull, Ohio, ont une profondeur variant

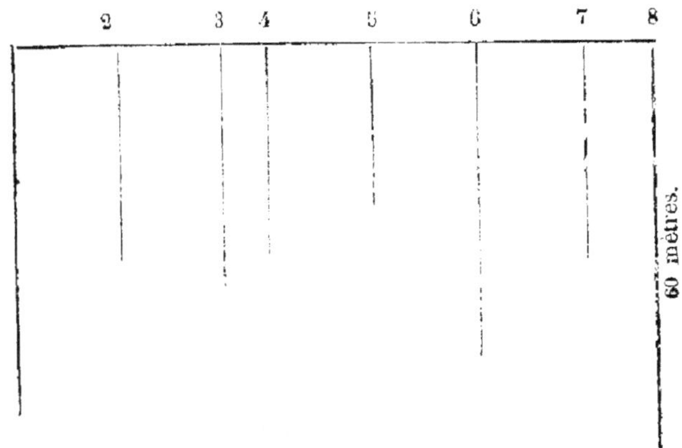

Fig. 2

de 9 à 60 mètres, ils sont forés dans un grès saturé d'huile. Les puits de Titusville, à Oil-Creek, Pennsylvanie, ont une profondeur variant de 21 à 90 mètres.

La figure 2 ci-dessus représente la profondeur relative des puits de Burning-Spring-Run.

Le forage des puits s'effectue de la manière suivante : Un trou d'un diamètre de 1 mètre 35 centimètres à 1 mètre 50 est d'abord creusé dans le sol jusqu'à ce qu'on atteigne le roc, les parois du trou étant soutenues par des pieux pour empêcher les éboulements. Lorsqu'on a atteint le roc, on y fore un trou ayant un diamètre de 7 1/2 à 10 centimètres et une profondeur de 3 à 4 mètres, dans lequel on insère un tuyau en fer. On introduit ensuite le foret qui est terminé par un tranchant en acier, ayant la forme d'un burin ordinaire et soudé à une barre de fer ronde ayant presque le même diamètre que le tuyau dans lequel elle est passée; cet outil perforateur pèse de 100 à 150 kilogrammes.

Ce foret est suspendu par une corde à une poutre montée en travers du trou. Afin de continuer le forage, il est nécessaire d'obtenir un mouvement de va-et-vient, et ce mouvement a été obtenu de la manière suivante : — Un montant est érigé sur le côté du puits, et sur le sommet de ce montant on couche une perche ou mât conique, dont le gros bout est assujetti à un arbre situé à une distance voulue; lorsqu'il ne s'en trouve pas, on le remplace en chargeant ledit gros bout du mât; mais habituellement on a soin de choisir un mât assez pesant en lui-même pour échapper à la nécessité de le surcharger. Il est ainsi évident que si l'extrémité la plus proche du puits est appelée vers le sol par une force quelconque, cette extrémité

se redressera spontanément dès qu'elle sera dégagée de toute pression et le mouvement désiré est
ainsi obtenu. C'est pourquoi la corde supportant l'outil est attachée à une distance d'environ 90 centimètres
de l'extrémité du mât, tandis que la pointe est garnie
de cordages et d'étriers, dans lesquels les ouvriers
placent les pieds; et, par une pression alternative exercée sur ces étriers, l'outil est soulevé de 15 à 25 centimètres, suivant les circonstances.

Les ouvriers piétinent ainsi journellement jusqu'à
ce que l'huile soit atteinte. Lorsqu'après un forage
continué pendant un temps donné, les ouvriers pen-
sent qu'une quantité suffisante de roc a été détachée
pour nécessiter le déblayage du trou, l'outil est ramené à la surface à l'aide d'un cabestan, et on descend dans le puits une pompe à sable. Cette pompe
est tout simplement un tube en fer, armé à sa partie
inférieure d'une valve s'ouvrant de bas en haut. Lorsque cette pompe est abaissée dans le trou, la valve
est forcée de s'ouvrir par son contact avec le roc
pulvérisé, qui pénètre ainsi à l'intérieur. Dans cet
état de choses, dès qu'on relève cet instrument, le
sable, agissant par son poids, referme la valve et s'y
trouve ainsi emprisonné. Lorsqu'on perce une roche
tendre, il faut avoir recours à cette pompe à sable
plusieurs fois par jour.

Le prix moyen du forage est de 10 francs par
30 centimètres pour les premiers 30 mètres, 15 francs
par 30 centimètres pour les 30 mètres suivants, et
20 francs pour une profondeur additionnelle de
30 mètres. Le travail journalier est d'environ 1 mètre
20. Chaque profondeur additionnelle de 30 mètres
exige un ouvrier additionnel pour le travail de l'outil
perforateur, et lorsqu'on atteint des profondeurs de

90 mètres, on fait habituellement usage d'une machine à vapeur. Lorsqu'on est arrivé à l'huile, la pression du gaz la fait rejaillir à la surface, et elle coule pendant un certain temps sans le secours d'une pompe. Lorsqu'elle a cessé de couler, on insère un tuyau en fer dans le trou, de telle manière que l'eau se présentant à la surface ne puisse y pénétrer, et à ce tuyau on attache une pompe d'aspiration, qui est mise en mouvement à la main ou par une machine à vapeur.

Le mécanisme d'une pompe à vapeur est des plus simples; il consiste dans une petite machine à vapeur horizontale, réunie par son piston à une manivelle qui transmet un mouvement d'oscillation à une poutre en bois, dont une extrémité est attachée à la tige verticale de la pompe, laquelle, grâce à ce mouvemen de va-et-vient aspire l'huile à la surface.

L'huile avec l'eau sont conduites dans de grandes cuves contenant environ cent fûts chacune; l'huile surnage à la surface, tandis que l'eau est soutirée par le fond.

Une grue improvisée, un hangar de circonstance, une petite machine à vapeur, une pompe, quelques cuves et quelques fûts constituent tout l'appareil et les accessoires nécessaires pour l'exploitation de ces puits.

On voit de ces puits en quantité sur les deux rives de l'Ohio et de l'Alleghany, ainsi que dans quelques petites îles. Beaucoup des puits exploités par des pompes d'aspiration ont été abandonnés quand les puits coulant à la surface ont été découverts, un grand nombre desquels sont actuellement en exploitation, spécialement dans la région d'Oil-Creek, Pennsylvanie. La décharge d'huile, dans certains cas, est

tellement abondante, qu'on ne peut s'approvisionner
d'un nombre suffisant de fûts pour la recevoir, et elle
s'écoule sur le sol en flots onctueux.

DESCRIPTION DES PUITS.

L'extrait suivant, du journal le *Toronto Globe* du
7 septembre 1861, donne une description intéressante
des puits de pétrole :

« Les veines d'huile sont excessivement capricieu-
ses. La distance de la surface à la roche peut être
prédite avec assez de précision, si l'expérience est
prise pour guide ; mais il n'en est pas de même quant
à la profondeur à laquelle l'huile se trouvera. Elle
peut rejaillir du gravier avant que le rocher ne soit
atteint ; elle peut également ne faire acte de présence
que lorsque le foreur persévérant aura pénétré à une
profondeur de 73 mètres. En Pennsylvanie, quelques-
uns des meilleurs puits, tant sous le rapport de la quantité que de la qualité, sont à 150 mètres au-dessous
de la surface du sol. Lorsqu'on touche la veine dans un
puits à ciel ouvert, des morceaux d'argile bleue, saturée
d'un fluide rouge sang, sont rejetés à la surface ; à cette
vue, le foreur donne cours à toute sa joie, il retourne la
chique dans sa bouche avec une satisfaction marquée,
enfonce ses mains dans ses poches, et avec une figure
rayonnante de joie et ruisselante d'huile et de trans-
piration, il vous interroge en s'écriant : C'est bien
beau, n'est-ce pas ? En vérité, à moins que vous n'ayez
un intérêt bien proche dans les bénéfices à venir, ce
n'est certainement pas beau, ni en ce qui regarde
l'odeur ni le coup d'œil, loin s'en faut. Cependant il
est sage de ne pas donner son opinion. Cette huile
n'a-t-elle pas déjà une valeur de cinq centimes le litre avec
la perspective d'en valoir le double à l'époque cor-

respondante de l'année prochaine? N'est-ce pas suffisant pour la rendre belle? Au dire du même personnage, la beauté se rattache également à toute chose huileuse dans la localité. La vilaine Black-Creek (crique noire), serpentant lentement dans son lit étroit, entre deux rives couvertes de grues et de cuves, avec des nombreux tronçons carbonisés, des montagnes de fûts remplis du liquide onctueux, des monticules de sable et d'argile, tout paraît beau à ses yeux, parce que tout respire le pétrole et qu'il n'y voit qu'avec son nez. Les *Oil springs* ressemblent à une petite édition du *south staffordshire*, n'ayant rien à envier à sa malpropreté et l'emportant de beaucoup quant à l'état empyreumatique de son atmosphère. Mais pour être juste, il faut lui accorder ce point qu'après une connaissance de quarante-huit à quatre-vingt-seize heures, la sensibilité du nerf olfactif reste indifférente à ces odeurs. Des quatre points cardinaux, les criaillements des pédales faisant mouvoir les forets se font entendre pendant la nuit entière.

Chaque jour voit augmenter le nombre des voyageurs intrépides couverts de boue qui, le sac sur le dos, ont franchi la vase, escaladé les troncs d'arbres et traversé les fossés fangeux sur les chemins de Wyoming et Florence. Plusieurs arrivent à la recherche d'une occupation qu'ils sont sûrs de trouver; d'autres arrivent les poches garnies de dollars, et dans quelques jours ils auront ajouté de nouveaux puits à ceux déjà existants. Il ne peut y avoir de doute que si on trouve un débouché profitable pour l'huile, ce qui paraît probable, *oil springs* progressera en importance très rapidement. Une maison de New-York a l'intention d'ajouter une nouvelle raffinerie à celles déjà existantes. M. Southern, le plus grand proprié-

taire de sources (60 hectares, lot n° 18, deuxième
concession), a expédié à cette maison un échantillon
d'huile de roche d'Enniskillen, et ces messieurs ont
été d'avis qu'ils n'en avaient jamais vu de meilleure.
Les défrichements des terrains pour mise en cul-
ture autour d'Enniskillen sont peu nombreux. Des
bois énormes, sombres et presque impénétrables,
excepté à la hache, s'étendent en toutes directions.
Mais bientôt ils céderont la place à la chaumière du
colon. De bons chemins sont les plus grands besoins
du pays; la station la plus proche du chemin de fer
Great Western est celle de Bothwell. »

PUITS DE SHAW.

Une description du théâtre d'exploitation d'un des
plus grands puits du district d'Enniskillen, donnera
également une idée de ce qu'on voit aux sources du
Canada et des États-Unis : « Passant plusieurs puits
sur notre droite et sur notre gauche, nous nous diri-
geâmes avec empressement vers le grand objet d'attention, *le grand puits jaillissant*, appartenant à
M. Shaw. A mesure que nous descendions des terrains élevés vers ce centre d'exploitation, notre attention fut appelée sur une affiche portant : *On ne fume
pas ici* (précaution qui n'était pas superflue, vu que
des courants ont été plusieurs fois enflammés et qu'il
n'y a pas assez d'hommes sur le terrain pour mettre
en pratique le procédé adopté par les Chinois pour
éteindre les incendies en pareilles circonstances et
mentionné par le P. Imbert, procédé qui consiste à
creuser un trou et à y déverser l'huile); nous aper-
çûmes alors une masse hétérogène composée d'hommes, femmes, enfants, traîneaux chargeant et déchar-
geant, fûts pleins et fûts vides, fûts neufs sortant de

la tonnellerie et fûts souillés des produits du puits. Parmi des centaines de personnes, on voyait des ouvriers employés à faire les bondes dans des tonneaux neufs et d'autres occupés à les remplir; d'autres encore déblayant le passage en vociférant et criant sur tous les tons, tandis qu'ouvriers et spectateurs patinaient également dans une couche onctueuse et noire, épaisse de trois à quinze centimètres, représentant la matière perdue de ce puits extraordinaire, laquelle, en se dirigeant vers la crique, se répandit en courants huileux, sur une surface recouvrant plusieurs hectares. En différents endroits, cette substance précieuse, mais repoussante, était soigneusement recueillie par les visiteurs, parmi lesquels nous remarquâmes un vieux nègre tenant une bouteille à la main gauche et un vieux soulier troué à la main droite, avec lequel il faisait de vains efforts pour remplir la bouteille. De la gueule du puits où l'huile rejaillit en tous les sens se dirige un tuyau perpendiculaire de près de cinq mètres de long, sur un diamètre de dix centimètres, mais réduit par un robinet placé à sa partie supérieure à deux centimètres, d'où l'huile est conduite dans six ou sept grandes cuves, dont deux ont une contenance de cinq cents fûts.

Dans chacune de ces cuves il existe un robinet placé à un mètre vingt du sol, d'où l'huile est conduite par un tube flexible ou entonnoir dans les fûts. Les bondons sont ensuite chassés à fond et les fûts roulés sur le sol jusqu'aux moyens de transport. Un des directeurs de cette exploitation m'a assuré que, si il était possible d'obtenir les fûts en quantité suffisante, on pourrait livrer 1,500 fûts en vingt-quatre heures, et que même actuellement, après avoir diminué la grandeur du tube de dix à deux centimètres, ils remplissaient 500 fûts par jour. La perte est presque incalculable. Tout du long de Black Creek, sur plus d'un kilomètre, la glace est surmontée d'une couche d'huile de trente centimètres ; cette huile est recueillie par des gens de la localité qui en font commerce. Trois ou quatre raffineries ont déjà été montées dans le village et la meilleure huile épurée s'y vend 55 centimes le litre. Nous avons compté près de 200 puits, dont quelques-uns en exploitation et les autres en train d'être forés. Des hommes en quantité étaient activement employés à creuser, étancher et forer, pour pénétrer jusqu'aux entrailles de la terre et y atteindre le trésor enfoui dans son sein. Il m'a semblé que ce puits extraordinaire devait léser gravement les intérêts des autres propriétaires, car l'ami Shaw peut certainement livrer son huile à un prix moins élevé que ses voisins, vu qu'il a l'avantage de pouvoir traiter de quantités très considérables. Son rendement est spontané et continu, le leur est restreint et n'est amené au niveau du sol qu'à l'aide d'une main-d'œuvre qu'il faut emprunter aux chevaux ou à l'homme. Mais la grande difficulté est celle de l'amener au marché. Le camionnage jusqu'à la station de Wyoming est une opération si lente, quoiqu'on y transporte de cette localité 500 fûts par jour, qu'on entretient le projet de l'expédier d'ici à la rivière Sidenham, à Dresden, dans des conduits en fer, la nature du pays n'y offrant aucune difficulté considérable. Il y a une descente de 4 mètres 50 cent. à 6 mètres de Victoria à Dresde ; de sorte qu'à l'aide d'un réservoir élevé à cette première localité, l'huile pourra être refoulée jusqu'aux navires, prêts à la recevoir en ce dernier endroit. »

Le récit de la découverte du puits Shaw est ainsi relaté dans le *Toronto Globe* du 5 février 1862 :

« L'élévation soudaine d'un individu passant de l'indigence à la considération sociale a, dans tous les temps, formé l'une des bases du roman. Ayant établi, à notre entière satisfaction, que le roman n'est pas mort, nous plongeons *in medias res*, c'est-à-dire dans un certain puits profond, près Victoria, sur le lot 18 de la seconde concession de la ville d'Enniskillen. Sur ce puits, un certain John Shaw avait concentré pendant des mois toutes ses espérances. Il creusait péniblement, forait péniblement et pompait péniblement, dépensant d'abord son argent, ensuite son crédit et épuisait sa force musculaire sur sa tâche laborieuse, sans qu'il ne trouvât signe d'huile. Les puits de ses voisins débordaient, et lui seul ne participait pas au courant de pétrole. Vers le milieu du mois de janvier dernier, Shaw était un homme ruiné, sans avenir, raillé par ses voisins, les poches vides, ses vêtements en lambeaux, et comme disent nos voisins des États-Unis, *dead broke*, ruiné à tout jamais. La rumeur veut qu'un jour du mois de janvier, il s'est trouvé dans l'impossibilité de continuer son travail, vu que ses restants de bottes abandonnaient ses pieds, et il lui en fallait absolument une paire neuve pour pouvoir patiner dans l'eau et la boue. Craintif et tremblant, comme nous pouvons le supposer, John Shaw se dirigea vers la boutique voisine et étant sans le sou, demanda, oh! dure nécessité! une paire de bottes à crédit. Il ne nous a pas été donné de constater si le refus a été bienveillant, dicté par l'esprit de défense personnelle que bien des commerçants doivent en certain cas adopter, ou si, au contraire, il laissait percer le dédain du négociant opulent vis-à-vis de son humble voisin, toujours est-il que les bottes furent refusées à John Shaw, qui dut retourner à son puits, l'esprit plus contristé que quand il le quitta, protestant qu'il abandonnerait son travail ce jour même, si ses efforts n'étaient pas couronnés de succès, et qu'il décrotterait la boue d'Enniskillen de ses vieilles bottes et s'orienterait vers des parages plus propices à sa destinée. Morne et abattu, il reprit son outil perforateur et le frappa dans le roc, quand tout à coup un son liquide arriva jusqu'à ses oreilles, bouillonnant et sifflant à la sortie de sa prison séculaire ; et le courant, loin de diminuer, augmente en volume à chaque minute, il remplit le tuyau, il comble le puits et encore il ne cesse de monter. Cinq minutes, dix minutes, en quinze minutes il a atteint le sommet du puits, il déborde, il remplit une bâche qu'il finit par déborder aussi, et tous les efforts pour contrôler l'intensité de ce courant sont vains ; et surmontant toute résistance, il se jette comme une rivière abondante dans le Black-Creek, où il est entraîné par les eaux vers le Saint-Clair et les lacs. Il serait impossible de décrire en ce moment l'émotion qu'éprouvait John Shaw; les spectateurs n'ont pas constaté si à cette vue il a versé des larmes ou s'il a élevé son chapeau et poussé des hourrahs ! On aurait excusé toute démonstration extravagante dans un pareil moment. Nous sommes d'avis que, comme un philosophe Yankee, il a dû se mettre en besogne pour récolter l'huile. Mais le bruit du puits jaillissant se répandit comme l'éclair et le « territoire de John Shaw » devint bientôt un centre d'attraction. Le matin de cet heureux jour, il s'appelait encore le vieux Shaw, mais après il était salué partout *monsieur* Shaw. Il recevait des avalanches de félicitations, et pendant qu'il se tenait devant son puits tout couvert d'huile et de boue, arrive le marchand qui lui avait refusé des bottes. L'homme de

commerce sut apprécier la situation, il s'inclina devant
ce soleil levant et embrassant presque ce luminaire fangeux, il dit : Mon cher monsieur Shaw, n'y aurait-il pas
quelque chose dans mon magasin dont vous ayez besoin, je vous prie, ne vous gênez pas pour le dire !»
Quel heureux moment pour Shaw ! nous ne répéterons
pas sa réponse, car elle était par trop énergique pour
que nous puissions la reproduire. Le puits jaillissait
déjà à une vitesse qu'il eût été impossible de constater avec précision, il produisait deux fûts de chacun
180 litres en une minute et demie, lequel à raison de
1 fr. 40 c. l'hectolitre (le cours le plus bas), produirait 3 fr. 36 c. par minute, 201 fr. 60 c. par heure,
4,838 fr. 40 c. par vingt-quatre heures et 1,500,000 fr.
60 c. par an, abandon fait des fractions et sans compter les dimanches. Ni les auteurs illustres, quoique
inconnus des *Mille et une Nuits*, ni même Alexandre
Dumas, n'ont pu enfanter de leur ou de son imagination une transformation si subite que celle de John
Shaw, le matin un mendiant et le soir à même de satisfaire tous les besoins qu'on peut se procurer au
prix d'argent. »

Le *Oil Trade Reviev* du 4 avril 1863 contient un
article annonçant la mort prématurée de M. Shaw, le
propriétaire de ce puits célèbre. Il avait été descendu
dans son puits et de son propre désir, à une profondeur de 4 mètres 50 cent., afin d'en retirer un bout
de tuyau. Il y avait été abaissé le pied dans un étrier,
suspendu à l'extrémité d'une chaîne. Après avoir
atteint le tuyau, il donna ordre qu'on le ramenât à la
surface, mais immédiatement après, il parut faire de
grands efforts pour maintenir sa respiration et tombant à la renverse, disparut dans l'huile.

RENDEMENT DE DIFFÉRENTS PUITS.

Le rendement en huile de différents puits varie considérablement. Des uns on n'obtient guère que 10 à 20 fûts par jour, tandis que d'autres rendent jusqu'à 200 ; et à Tidioute, il y a 17 puits donnant près de 45,400 litres par jour ; d'un de ces puits, lors de son percement, l'huile et l'eau ont jailli à une hauteur de 18 metres. Un autre puits, dans le comté d'Erie, Pennsylvanie, a donné jusqu'à 300 fûts par jour. A Mecca, dans l'Ohio, il existe un puits que l'on dit rendre 90,800 litres par jour, et à Titusville, le puits Empire, donne 31,780 litres par jour.

Le mécanisme de ces exploitations est des plus grossiers, et il n'existe probablement pas un puits dont on obtienne le maximum de rendement. La plus grande partie des gisements d'huile se trouve dans les forêts, le combustible pour engendrer la vapeur est vert, et toute cette industrie, de fait, est encore dans l'enfance.

Il serait difficile de fixer le chiffre de la production d'huile dans l'Amérique ; mais 681,000 litres par jour serait probablement au-dessous de la vérité.

On comprendra facilement que l'exploitation d'une matière aussi inflammable que ce pétrole, jaillissant des sources, ne doit pas être exempte de danger, et, malgré les précautions prises d'un commun accord par les mineurs de chaque localité, il ne survient que trop fréquemment une de ces conflagrations terribles qui anéantit en quelques heures le travail de plusieurs mois ; le fléau dévastateur, se répandant avec une rapidité inouïe, dévore tout sur son chemin, hommes, habitations, mines, ne laissant après lui qu'un désert carbonisé. *Le Buffalo*, courrier de mai 1862, donne la

description suivante d'une de ces conflagrations :
« Pendant le forage d'un puits à Tidione, Pennsylvanie, il se déclara subitement un courant d'huile
jaugeant soixante-dix fûts à l'heure, s'élevant à une
hauteur de 12 mètres au-dessus du sol. Cette colonne était surmontée d'un nuage de gaz et de benzine, ayant une hauteur de 15 à 18 mètres. Tous les
feux du voisinage furent immédiatement éteints,
excepté un seul qui était éloigné du puits d'environ
360 mètres, mais, malgré cette précaution, le gaz s'enflamma à ce foyer, et dans un instant toute l'atmosphère était embrasée. Sitôt que ce gaz s'enflamma, il
communiqua le feu au sommet du jet d'huile qui
dans sa chute se répandait sur un diamètre de plus
de 30 mètres en une véritable gerbe de feu, le sol
s'enflamma aussi à l'instant et le cercle de cette inflammation s'étendait continuellement, alimenté par
la chute de l'huile brûlante. Il s'ensuivit une scène
d'horreur indescriptible. Quantité de travailleurs
furent lancés par l'explosion à plus de 7 mètres de
distance, d'autres, horriblement brûlés, fuyaient cet
enfer incandescent, poussant des cris de terreur et
d'agonie. Toute l'atmosphère était en flammes. La
colonne d'huile, haute de 12 mètres, représentait un
pilier de flamme livide, tandis que le gaz en dessus,
à une hauteur de plus de 30 mètres, éclatait avec
fracas sur le ciel et paraissait lécher les nuages.
Pendant tout le temps que dura cette affreuse con-
flagration, la combustion et les explosions furent de
nature si terrible et si violente, qu'elles ne sauraient
se comparer qu'à l'ouragan frayant son passage à
travers la forêt. L'intensité de la chaleur était telle
qu'on ne pouvait en approcher de plus de 50 mètres.
Cet embrasement était le plus effrayant et en même

temps le spectacle pyrotechnique le plus grandiose qui ait jamais été offert à l'homme. La combustion de l'huile n'a cessé que par son épuisement. »

TRANSPORT.

L'huile est ordinairement transportée des sources aux ports d'embarquement dans des bateaux. De la région d'Oil-Creek les bateaux la transportent par la rivière Alleghany jusqu'à Pittsburgh. Les bateaux employés, si on peut les appeler bateaux, consistent simplement en de grandes boîtes confectionnées de planches et partagées en cellules formant autant de réservoirs qui sont rendus aussi étanches que possible. Ces réservoirs flottants ou bateaux ont de 12 à 24 mètres de long sur 60 centimètres de profondeur, et sont remplis aux sources à l'aide de tuyaux en cuir; ils sont ensuite fermés, et on en forme une flotte ou radeau composée de 10 à 20 bateaux qui descend l'Alleghany avec le courant. De cette manière, on transporte une grande quantité de l'huile, et le restant est expédié en fûts.

Pour le transport des bateaux sur l'Oil-Creek jusqu'à l'Alleghany, on a construit des barrages. On accumule ainsi l'eau en différents endroits dans de grands étangs, et, à un moment donné, on lève des écluses, le volume d'eau ainsi obtenu artificiellement étant suffisant pour le transport de grandes quantités d'huile, lesquelles, sans cet artifice, ne pourraient être amenées au marché sans des frais très considérables. Comme le courant est très étroit et d'une faible profondeur, la navigation exige des soins tout particuliers, et, quoi qu'il en soit, le passage à chaque barrage donne lieu à des pertes considérables. Il y a peu de temps, on y a perdu une quantité de pétrole évaluée à 500,000 fr. ; lorsque l'eau commença à se précipiter par les écluses, 20 bateaux se détachèrent, lesquels en désamarrèrent une quantité beaucoup plus considérable, il en résulta que 56 échouèrent complétement. Environ 10,000 fûts furent perdus et toute l'huile contenue dans les réservoirs. Un journal américain estime la perte résultant de trois accidents semblables à 40,000 fûts, évalués 2,500,000 fr.

Un projet a dernièrement été proposé pour conduire l'huile des sources aux différentes stations du chemin de fer à l'aide de tuyaux. Il paraît qu'on pose actuellement un tuyau de 5 centimètres de Tarville à Plumer, sur un parcours d'environ 4 kilomètres, et les personnes à la tête de cette entreprise ont pleine confiance dans le succès.

La question du transport de l'huile des sources sera traitée de nouveau au chapitre IX.

APPROVISIONNEMENT.

Une question de la plus haute importance pour l'avenir commercial de l'industrie du pétrole est celle d'un approvisionnement constant.

Cette question, en ce qu'elle regarde l'éventualité d'une interruption dans l'approvisionnement, n'est pas facile à résoudre, vu que les résultats obtenus par l'expérience sont contradictoires, en ce sens que, dans certaines régions, telles, par exemple, qu'Agrigente, en Sicile, et dans le Derbyshire, en Angleterre, les puits ont entièrement ou presque entièrement cessé de rendre de l'huile ; tandis que dans d'autres, dans le Burmah, en Perse, et dans l'île de Zante, les puits, quoiqu'ils aient été exploités depuis des siècles, n'en produisent pas moins des quantités immenses.

En ce qui regarde les puits coulants ou jaillissants,

il paraît extrêmement probable que tôt ou tard le rendement actuel cessera, et de fait cette perspective est prouvée surabondamment. Le fameux puits de Shaw, déjà cité comme exemple, a actuellement subi une diminution très considérable. On pourrait également citer plusieurs autres puits qui ont cessé de couler complétement, ou dont le rendement est considérablement réduit.

Ces faits cependant ne doivent pas être pris à l'appui d'une cessation complète de l'approvisionnement ou même de l'insuffisance pour répondre à la demande, et pour cette raison :— lorsque les puits viennent d'être forés, l'huile en est déchargée par une énorme pression exercée par la grande accumulation de gaz qui accompagne toujours l'huile ; mais sitôt que la pression disparaît, en raison du dégagement du gaz, l'huile cesse de couler. C'est à cet effet, sans doute, qu'il faut attribuer la disparition de l'huile des puits jaillissants. Beaucoup de ces puits ont été abandonnés sitôt que l'huile a cessé de couler, parce qu'il était plus avantageux d'obtenir l'huile de puits jaillissants, que de l'extraire d'autres puits à l'aide de la pompe.

Si cependant on applique la pompe à ces puits, l'expérience a surabondamment prouvé qu'on obtiendrait une provision considérable d'huile, et, ce qui a son importance, la production sera plus régulière, et l'huile d'une qualité plus uniforme.

Si l'huile devait faire défaut dans un temps donné, on peut être sans inquiétude à cet égard pendant de longues années. Les gisements de pétrole, en Amérique, embrassent une surface très considérable : on a acquis la certitude qu'ils s'étendent de l'extrémité méridionale de la vallée d'Ohio, dans le sud, à la baie

Géorgienne dans le Canada occidental au nord, et des montagnes de l'Alleghany dans la Pennsylvanie, à l'est, aux limites occidentales des mines de charbon bitumineux dans le voisinage de la rivière du Missouri. L'huile a été trouvée dans la Virginie, le Maryland, la Pennsylvanie, l'Etat de New-York, l'Ohio, le Michigan, le Kentucky, le Tennessée, le Kansas, l'Illinois, e Texas et la Californie ; et cependant on n'a jusqu'à présent creusé des puits que dans bien peu d'endroits comparativement, et beaucoup de ces puits, comme il a été déjà expliqué, ont été abandonnés dès qu'ils ont cessé de couler.

Il est extrémement probable que des recherches ultérieures établiront que le pétrole existe dans bien d'autres localités.

Nous n'avons donc absolument rien à redouter dans un avenir prochain sur le manque de l'huile de pétrole.

CHAPITRE III.

DE L'ORIGINE DU PÉTROLE.

Sa géologie. — Théorie sur son origine. — Comparaison de la composition des huiles de pétrole et de charbon. — Schistes bitumineux et lignites. — Formation du pétrole attribuée à la décomposition de matières végétales, etc.

L'origine du pétrole est un sujet qui a occupé l'attention des chimistes et géologues éminents, et bien des théories ont été avancées sur la formation de cette substance aussi importante qu'intéressante; mais, quoi qu'il en soit, une grande diversité d'opinions existe encore à ce sujet.

Mon intention n'est pas, dans les remarques que je vais faire, d'avancer une nouvelle théorie à cet égard ou de rectifier n'importe quelle hypothèse particulière proposée par d'autres. Je me bornerai à donner une description sommaire de la géologie du pétrole, en y ajoutant quelques observations touchant les principales théories qui ont été avancées pour rendre compte de l'origine de ces huiles minérales.

GÉOLOGIE DU PÉTROLE.

La connaissance que nous avons actuellement touchant la géologie du pétrole est élémentaire et peu satisfaisante; elle offre conséquemment un vaste champ aux recherches ultérieures. Il est à regretter qu'on n'ait pas tenu un compte exact des couches de terrain traversées lors du forage des puits, car on aurait obtenu ainsi des renseignements très précieux.

Le pétrole se trouve dans les rochers de tous les âges, depuis le bas silurien jusqu'à la période tertiaire inclusivement. En Europe et en Asie, les sources sont limitées pour la plupart aux rochers du dernier âge secondaire et tertiaire, quoiqu'elles ne soient pas absolument absentes des couches paléozoïques.

En Amérique, le pétrole se trouve dans des couches d'une date beaucoup plus reculée, les rochers des districts à huile consistant en d'immenses dépôts des siècles siluriens, dévoniens et carbonifères. Les puits d'Amérique sont pour la plupart forés dans des grès qui constituent le sommet de la série dévonienne;

mais les huiles de la Virginie occidentale et de l'Ohio méridional s'élèvent à travers des couches de houille, qui gisent sur le stratum dévonien; tandis que les puits d'Enniskillen, dans le Canada, sont situés beaucoup plus bas et sont percés dans les schistes de Hamilton, qui recouvrent immédiatement la pierre à chaux cornifère ou dévonienne. Dans l'île des Barbades, des quantités considérables de pétrole proviennent des couches tertiaires.

Il paraît résulter de ces connaissances acquises, que le pétrole n'est limité à aucune couche spéciale, et que, par conséquent, le rocher ou la roche de pétrole proprement dit n'existe que dans l'imagination de personnes mal informées.

Il a déjà été mentionné que l'huile se trouve dans des fissures de rochers, et que ces fissures sont plutôt verticales qu'horizontales; on doit également remarquer qu'elles s'étendent à travers plusieurs couches. L'huile abonde le plus dans les régions, où ces couches ont été le moins bouleversées et où, conséquemment, ces fissures sont en plus grand nombre. On a souvent remarqué que l'huile obtenue de différents puits dans les mêmes localités variait considérablement en qualité, et ce fait tendrait à prouver que, dans ce cas, l'huile est contenue dans des fissures distinctes et séparées. En même temps, on doit remarquer, d'un autre côté, que, lorsqu'un nouveau puits a été percé dans certaines localités, il est résulté une diminution considérable dans le rendement d'autres puits déjà existants dans le voisinage, ce qui indiquerait que le nouveau puits est alimenté à la même source que les autres puits.

THÉORIES SUR L'ORIGINE DU PÉTROLE. — COMPARAISON DES HUILES DE PÉTROLE ET DE CHARBON.

L'hypothèse sur laquelle j'appellerai l'attention en premier lieu, en est une qui a été sanctionnée par grand nombre de nos chimistes et géologues les plus éminents, et est encore actuellement celle qui a réuni le plus grand nombre de suffrages; elle attribue l'existence du pétrole à une distillation lente et à basse température de la houille et autres minéraux bitumineux; et le fait que nous pouvons produire des huiles identiques en caractère par la distillation de la houille, comme, par exemple, à l'aide du procédé Young, pour la fabrication des huiles paraffines, tendrait à prouver l'exactitude de cette hypothèse.

Il ne serait pas déplacé ici de comparer la composition chimique du pétrole à celle des huiles produites par la distillation de la houille à basse température.

Comme on le verra au chapitre suivant, le pétrole, d'après toutes les analyses faites jusqu'à présent se composerait principalement des hybrides, radicules, alcooliques, hydrocarbures, homologues avec les gaz de marais, et correspondant à la formule C. H. $+$ 2, laquelle indique, comme le savent tous les chimistes, qu'ils contiennent un nombre égal équivalent de carbone et d'hydrogène, plus deux d'hydrogène.

Le pétrole paraîtrait également contenir en petites quantités le benzole, le toluole et d'autres hydrocarbures de la même série.

Les huiles de houille contiennent également des hydrocarbures de gaz de marais, ainsi que du benzole, toluole, etc., outre plusieurs composés curieux d'un caractère basique.

Il existe cependant cette différence entre les deux

huiles, que les huiles de houille ne contiennent les
hybrides qu'en quantité proportionnellement petite,
et le benzole, toluole, etc., en quantité proportionnellement plus considérable, tandis que le pétrole
se compose en grande mesure d'hybrides, et ne contient qu'en très petite quantité les hydrocarbures
de la série des benzoles; et de fait, si ces hydrocarbures y sont présents, ce n'est que sous forme de
traces presque imperceptibles. (Voir le chapitre suivant.)

M. Schorlemmer, dans un article qui a paru récemment dans le *Chemical News*, expose qu'il a trouvé
du benzole dans le pétrole; mais il paraît que pour
ses expériences il s'est servi de ce dérivé de pétrole,
connu sous le nom de *turpentine substitute*, substitut
de térébenthine, qui est la portion la plus légère de
l'huile; or, il ne peut y avoir de doute que le benzole
existe dans ce produit, mais mon expérience me porte
à croire qu'il ne se trouve pas dans le pétrole à son
état naturel, mais qu'il y est produit pendant la distillation.

La différence qui existe, comme on vient de le démontrer, dans la composition des huiles minérales et
des huiles de houille ne prouve pas cependant que le
pétrole n'ait pas été produit par la distillation de
minéraux bitumineux à de basses températures. La
proportion des hydrocarbures de la série des benzoles
est beaucoup moindre dans l'huile distillée du charbon à basse température qu'elle n'est dans le goudron
de charbon, qui est produit à une température beaucoup plus élevée, et la quantité d'hydrocarbure de la
série des hybrides est beaucoup plus considérable; et,
de fait, la seule substance appartenant à cette série
qui existe en quantité notable dans le goudron de

charbon, est la paraffine. Ces faits paraîtraient indiquer qu'une différence de température engendre des produits différents, et conduisent à considérer qu'à une température encore plus basse que celle employée pour la distillation des huiles de charbon, les hybrides seraient produits en quantité plus considérable, et que le benzole, etc., serait en quantité moindre avec un liquide dont la composition se rapprocherait davantage du pétrole.

Quant à la question de savoir si la différence qui existe dans les quantités relatives d'hybride et de benzole, dans les produits à haute ou à basse température, est vraiment due à l'influence de la chaleur, qui développerait la production des hydrocarbures de l'une ou l'autre série, ou bien si cela ne résulte que de son influence, qui effectue la décomposition des hybrides; nous n'avons encore aucune donnée qui nous permette de déterminer; probablement il faudrait l'attribuer à cette dernière influence.

Il est cependant probable qu'un liquide ayant la même composition que le pétrole peut être produit par la distillation lente de minéraux bitumineux, à une température encore plus basse que celle usuellement employée pour la distillation des huiles de houille.

Un fait qu'on avance pour combattre la théorie de la distillation, consiste en ce que, lorsqu'on trouve le pétrole dans le voisinage du charbon, le charbon lui-même ne paraît pas avoir perdu aucun de ses constituants bitumineux. Par exemple, dans le comté de Ritchie (Virginie), où des couches ont été soulevées d'une profondeur de plusieurs centaines de mètres, des gisements de charbon cannel ou bitumineux apparaissent, lesquels, comparés au charbon de la

Nouvelle-Écosse ou de l'Angleterre, comme étalon, n'ont nullement perdu de leurs qualités bitumineuses.

Ainsi le professeur Henry Rogers, dans un excellent article publié dans le *Good Words*, de mai 1863, en décrivant les gisements houillers appalachians, démontre que le charbon, dans cette partie de la région la plus rapprochée des sources d'huile, est infiniment plus bitumineux que celui qui existe dans les localités où on n'a pas découvert d'huile; mais il suppose que, dans un cas, la chaleur souterraine a été suffisante pour dissiper complétement toutes les matières volatiles; tandis que dans l'autre cas, leur déplacement a été moins complet, et les matières volatiles, au lieu d'avoir été entièrement dissipées, se sont réfugiées dans les pores, crevasses et fissures des rochers superposés. Dans ce dernier cas, l'huile aura pu provenir des couches inférieures, et, par ce fait, avoir rendu le charbon plus bitumineux.

SCHISTES BITUMINEUX ET LIGNITES.

Il est incontestable que, dans bien des cas, le pétrole n'a pas été dérivé de la houille, en tant qu'on le trouve dans des localités éloignées de tout gisement carbonifère, comme par exemple au Canada, où l'huile provient évidemment presque exclusivement des dépôts inférieurs siluriens et devoniens; et, de fait, les huiles que l'on trouve dans des bassins houillers peuvent provenir des mêmes roches, car on sait que les schistes noirs carboniques siluriens et devoniens se dirigent tous en dessous des bassins houillers américains situés au nord-ouest et à l'ouest. Mais il doit également être mentionné que, quoique le pétrole se trouve là où la houille est absente, il est

avéré que des schistes contenant des matières carboniques existent, pour la plupart des cas, dans ce voisinage, et il est tout aussi probable que ces derniers
aient rendu l'huile que la houille elle-même.

Un examen attentif de ces schistes, que l'on trouve
dans certains gisements de pétrole, semblerait indiquer
que, dans le principe, on n'a pas mis un soin suffisant a
établir une distinction entre ces roches qui contiennent
du bitume déjà formé, soluble dans le benzole et le
bisulfite de carbone, et celles composées de matières
argilacées mélangées de matières organiques alliées à
la tourbe et aux lignites. Ces dernières, que l'on peut
désigner sous le nom de *pyroschistes*, rendent très
peu de benzole ou de bisulfite de carbone ; mais lorsqu'elles sont distillées à haute température, elles émettent des gaz inflammables et une huile de nature semblable au pétrole. Par la distillation souterraine de ces
roches, le pétrole peut être obtenu, mais les schistes
mentionnés en premier lieu (ceux contenant du bitume déjà formé) ont probablement dérivé leurs constituants bitumineux du pétrole.

FORMATION DU PÉTROLE ATTRIBUÉE A LA DÉCOMPOSITION DE MATIÈRES VÉGÉTALES, ETC.

La théorie suivante, sur laquelle j'appellerai l'attention, est celle qui suppose que le pétrole est le résultat d'une espèce de décomposition ou fermentation de
matières végétales..., par un procédé en quelque sorte
semblable à celui auquel on attribue la formation de
la houille.

Il ne peut y avoir de doute que, par la décomposition de la matière végétale, il ne soit émis certains
hydrocarbures volatiles, tels que des gaz de marais, --

ce type des hybrides que j'ai signalé comme existant en si grande proportion dans le pétrole.

Ce gaz est émis en quantités considérables des étangs stagnants, des marais et des autres localités humides. C'est de ce gaz que se forment les feux follets.

Lorsque le bois est soumis à l'action de l'air et de la moiteur, de l'oxygène est absorbé par l'air, et de l'acide carbonique et de l'eau sont émis dans la proportion d'un équivalent d'acide à deux équivalents d'eau.

La composition des fibres ligneuses peut être exprimée par la formule $C^{24} H^{20} O^{20}$; c'est pourquoi si, pendant la décomposition, seize équivalents d'oxygène sont absorbés et huit équivalents d'acide carbonique, et seize équivalents d'hydrogène sont éliminés, il resterait une substance dont la composition serait représentée par $C^{24} H^{4} O^{4}$, et si la décomposition est poussée plus loin, on n'obtiendrait qu'un résidu de carbone.

Lorsque cependant la fibre ligneuse est placée de manière à être exclue de l'oxygène de l'air, d'autres réactions peuvent avoir lieu. D'abord, la totalité de l'oxygène du bois peut être dégagée sous forme d'acide carbonique ($C O^{2}$) tandis que l'hydrogène séjourne avec le carbone. La perte de dix équivalents d'acide carbonique laisserait donc : $C^{14} H^{20}$. Mais nous ne connaissons aucune combinaison de carbone et d'hydrogène dans laquelle le nombre d'équivalents d'hydrogène excède ceux du carbone de plus de deux équivalents; la formule générale d'une telle combinaison étant exprimee par $C_n H_n + 2$, que j'ai déja mentionnée; c'est pourquoi un corps tel que $C^{24} H^{2}$ ne pourrait exister, et doit naturellement se résoudre en gaz de marais et en une substance contenant moins d'hydrogène. En supposant que, dans ce cas, il se forme quatre équivalents de gaz de marais, il resterait un corps dont la composition serait représentée par $C^{10} H^{12}$, qui est, de fait, la composition de l'hybride d'Amyl, substance qui existe en grande proportion dans le pétrole.

Au lieu de se combiner exclusivement avec le carbone, une portion de l'oxygène du bois peut se combiner avec l'hydrogène et se dégager sous forme d'eau. Par exemple, en supposant que quatre équivalents d'acide carbonique et douze équivalents d'eau soient éliminés d'un équivalent de fibre ligneuse, il restera un hydrocarbure contenant $C^{20} H^8$, qui ressemble, de très-près, à la composition de certains bitumes solides.

Les changements qui s'opèrent dans la nature ne sont cependant jamais aussi simples que ceux que je viens de décrire; les différents modes de décomposition ont souvent lieu simultanément, ou bien ils interviennent pendant diverses périodes de la décomposition de la même substance, suivant les circonstances dans lesquelles ils sont placés. Il est impossible de constater les conditions précises qui favorisent la production du pétrole plutôt que de la houille; mais nous avons connaissance de certaines transformations qui nous démontrent que, sous différentes conditions, le même corps peut donner différents produits. Le sucre, par exemple, peut rendre soit de l'alcool et de l'acide carbonique, soit de l'acide butyrique et de l'acide carbonique avec de l'hydrogène, et même, sous l'influence de certaines fermentations modifiées, des acides acétique, lactique et propionique, et des alcools d'un titre plus élevé.

La table suivante (extraite de l'article du professeur
Sterry Hunt, qui a paru dans *le Chemical News* du
5 juillet 1862, représente le rapport de différentes
houilles, du pétrole, de la tourbe, etc., avec la fibre
ligneuse. Je dois dire que la formule placée en regard
de chaque substance n'est pas censée représenter sa
composition actuelle, mais ne sert qu'à indiquer son
point de départ dans la série, et, pour cette raison,
toutes les formules ont été calculées avec vingt-quatre
équivalents de carbone :

Fibre végétale	$C^{24} H^{20} O^{20}$
Houille brune (Schrotter)	$C^{24} H^{14} O^{10}$
Lignite (Vaux)	$C^{24} H^{11} O^{6}$
Charbon bitumineux	$C^{24} H^{10} O^{3}$
Id.	$C^{24} H^{10} O^{2}$
Id.	$C^{24} H^{8} O^{1}$
Charbon Albert	$C^{24} H^{16} O^{8}$
Asphalte	$C^{24} H^{14} O^{2}$
Bitume d'Idria	$C^{24} H^{8}$
Pétrole	$C^{24} H^{24}$

De l'opinion de beaucoup d'hommes scientifiques,
le pétrole peut, en certains cas, être d'origine animale, et, par le fait qu'il a été trouvé dans les couches inférieures paléozoïques, qui ne contiennent aucune trace de plantes terrestres, il est très probable
que sa formation doit être attribuée à des plantes
et animaux marins, et il n'est pas invraisemblable
qu'il résulte de ces dernières substances, comme les
tissus de certains animaux marins ont beaucoup de
similarité dans leur composition chimique avec les fibres ligneuses des plantes.

Les décompositions auxquelles je viens de faire al-
lusion peuvent donc avoir lieu de la même manière
avec cette espèce de matière animale qu'avec des résidus végétaux.

D'autres théories touchant l'origine du pétrole ont été avancées, mais les deux que nous venons d'exposer représentent les opinions de la majorité des hommes de science qui ont examiné la question.

Il ne peut y avoir de doute que le pétrole ait été dérivé de matières végétales, et probablement, en bien des cas, de matières animales ; mais on ne peut encore établir si sa formation a été le résultat d'une décomposition simple, à température ordinaire, ou si elle est provenue d'une véritable distillation. Dans mon opinion, nos connaissances actuelles en cette matière paraîtraient démontrer une formation résultant d'une distillation extrêmement lente de matières organiques (de matières végétales ou animales, et qui ne seraient pas nécessairement converties tout d'abord sous forme de charbon, etc.), effectuée à une température beaucoup plus basse que celle à laquelle nous avons l'habitude de préparer les huiles ordinaires de houille.

CHAPITRE IV.

PROPRIÉTÉS ET COMPOSITION.

Différence dans la nature de l'huile obtenue de diverses localités.
— Propriétés explosives du pétrole. — Sophismes populaires.
— Odeur du pétrole. — Désinfection. — Produits de la distilla-
tion. — Composition de l'huile de Rangoon. — Pétrole de
Sehne. — Pétrole américain — Résultats des recherches de
M. Schlorlemmer. — Résultats des recherches de MM. J. Pelouze
et A. Cahours. — Benzole dans le pétrole. — Autres analyses
du pétrole.

Le pétrole brut obtenu en diverses localités révèle
des propriétés très différentes. Cette huile est généralement de couleur verdâtre ou brun foncé, et ne
peut être employée dans des lampes avant d'avoir été
raffinée ; mais celle obtenue de *Smith's Ferry*, Pennsylvanie, est presque aussi claire et brillante que de
l'huile raffinée et peut être brûlée dans les lampes
telle qu'on l'obtient du puits. Un mélange en parties
égales de cette huile et de l'huile brute ressemble
beaucoup à de l'huile de baleine ordinaire et brûle
bien. On n'obtient que quelques fûts de cette huile
par jour.

Beaucoup de l'huile persane est également incolore
et se brûle dans les lampes sans rectification. L'huile
de Rangoon de bonne qualité a presque la consistance
du beurre à température ordinaire. L'huile africaine
sus mentionnée est également beaucoup plus épaisse

que le pétrole américain. L'apparence, la gravité spécifique et l'odeur du pétrole canadien diffèrent considérablement de celui des États-Unis.

La gravité spécifique du pétrole varie considérablement. De certaines huiles tirées des puits du comté de Venango, Pennsylvanie, ne pèsent que ·800, tandis que, dans d'autres régions, le poids de cette huile s'élève jusqu'à ·900. Une grande partie de l'huile canadienne que j'ai examinée pèse de ·820 à ·830 et dans certains cas jusqu'à ·850. Il existe un rapport entre le poids et la couleur des huiles, en ce sens que plus elles sont légères, moins elles sont colorées.

PROPRIÉTÉS EXPLOSIVES.

Beaucoup de l'huile obtenue d'Amérique émet un gaz ou vapeur inflammable à température ordinaire, et cette vapeur, lorsqu'elle se combine avec l'air ordinaire ou l'oxygène, constitue un mélange explosible, qui prend feu lorsqu'il est mis en contact avec la flamme. D'autres échantillons n'émettent aucune vapeur que jusqu'à ce que leur température soit élevée à 28°, 33° et même 39°, et le pétrole de Rangoon n'émet aucune vapeur que jusqu'à ce qu'il soit chauffé à une température beaucoup plus élevée; il en est de même du pétrole africain.

SOPHISMES POPULAIRES.

Bien des opinions erronées ont été avancées et acceptées touchant les propriétés du pétrole. Par exemple : certaines personnes s'imaginent qu'il peut faire explosion spontanément, ou qu'il fait explosion comme la poudre au contact d'une allumette enflammée, d'une chandelle ou d'une simple étincelle. Il n'en est pas ainsi. Il est vrai qu'à des températures ordinaires quelques échantillons prennent feu immédiatement au contact d'une flamme, mais l'huile ne fait pas explosion, elle brûle tranquillement. On peut tremper une mèche allumée à plusieurs reprises dans beaucoup d'autres échantillons qui ne brûleront pas avant que leur température ne soit élevée à 28° ou 33°, c'est-à-dire au point où elles émettent des vapeurs inflammables.

Le seul cas dans lequel une explosion peut avoir lieu est par la fuite d'un gaz ou d'une vapeur inflammable, et cette vapeur, comme je l'ai déjà expliqué, forme avec l'air atmosphérique et l'oxygène un mélange explosif. Ce mélange cependant ne peut faire explosion qu'autant qu'il est amené en contact avec une flamme. Il a été dit qu'une faible étincelle tombant d'une chandelle ou autre lumière est capable d'enflammer ce mélange, mais cette assertion est erronée. Il ne saurait être enflammé, même par un fer chauffé presque à blanc.

ODEUR DU PÉTROLE.

Il est superflu de dire, après les hauts cris poussés contre le pétrole en raison de son odeur, que le pétrole est doué d'une odeur qui n'est pas agréable.

Le pétrole obtenu de différentes localités diffère considérablement en ce qui regarde son odeur. Les huiles du Canada et celles que l'on trouve dans l'Amérique méridionale et les Antilles ont une odeur beaucoup plus repoussante que celles des États-Unis. Cette odeur désagréable est due en grande mesure a la présence du soufre, ainsi, jusqu'à un certain point, qu'à de petites quantités de phosphore et d'arsenic dont j'ai reconnu l'existence dans l'huile de Canada.

DÉSINFECTION.

On peut faire disparaître cette odeur en traitant l'huile par différents produits chimiques.

Depuis quelque temps, l'attention générale a été reportée sur la désinfection du pétrole, plus spécialement dans le but de neutraliser l'odeur empyreumatique de l'huile de Canada, et plusieurs patentes ont déjà été accordées à cet effet.

Il a été prouvé d'une manière incontestable que l'odeur désagréable du pétrole peut en grande partie être détruite et l'huile rendue comparativement inodore. Que l'on puisse arriver à ce résultat sans frais trop considérables demande à être prouvé. Je suis personnellement de cet avis, et je m'occupe actuellement d'un procédé à l'aide duquel les plus mauvais échantillons d'huile de Canada peuvent être désinfectés à un prix n'excédant pas deux centimes le litre et il est probable qu'à l'aide d'expériences raisonnées on pourra réduire ce chiffre de 75 p. 0/0.

PRODUITS DE LA DISTILLATION.

Lorsqu'on distille le pétrole américain, il se dégage en premier lieu une essence légère dont la gravité spécifique ne dépasse pas ·680. On a donné à ce produit le nom de « kerosolene », il se présente ensuite un produit d'une gravité un peu plus considérable qu'on a appelé « benzine », il serait difficile de dire pourquoi on a baptisé ce liquide du nom de benzine, car ce n'est certainement pas le même produit connu chimiquement sous ce nom. Il est possible que ce nom lui a été donné parce qu'il peut être substitué avantageusement dans bien des cas à la vraie benzine.

Le kerosolene et la benzine sont souvent réunis et

vendus sous le nom de « benzine, esprit de pétrole » ou « substitut de térébenthine ». En poussant plus loin la distillation, on obtient ensuite une huile d'éclairage qu'on a nommée « photogène, *kerosene*, etc. » Lorsque la distillation de cette huile a été épuisée, on obtient une huile lourde paraffinée, employée au graissage, il reste en dernier lieu dans l'alambic un résidu de goudron ou de coke.

Les différents produits du pétrole seront décrits plus amplement après avoir traité les procédés de raffinage.

La température à laquelle la plupart des huiles américaines commencent à se mettre en ébullition est d'environ 30° centigrade, et, à mesure que la distillation continue, elle s'élève graduellement jusqu'à 250°.

La composition chimique du pétrole n'a pas été beaucoup étudiée, et elle diffère considérablement dans les diverses huiles suivant les localités d'où elles sont extraites.

COMPOSITION DE L'HUILE DE RANGOON.

L'huile de Rangoon a été examinée par M. Warren De la Rue et le Dr Hugo Muller (*Rapports de la Société Royale,* vol. VIII, page 221), et ils la décrivent comme un mélange d'hydrocarbures purs, sans aucune combinaison d'oxygène, la plus grande partie de l'huile étant formée d'hydrocarbures de la formule $Cn\ Hn + 2$; mais ces messieurs n'ont pas réussi à isoler de ces dernières un corps d'une composition et d'un point d'ébullition définis. Ils ont également trouvé, en petites quantités, du benzole, du toluole, du xymole et du cumole. L'huile de Rangoon contient de la paraffine également en grande quantité, le rendement moyen étant de 10 p. 0/0.

M. Vohl a publié une analyse de l'huile de Rangoon. La densité était de .885, et par la distillation et la rectification il a obtenu :

Huile d'éclairage gr. sp., 830.......	40.705
Huile lourde pour graissage........	40.999
Paraffine, point de fusion, 15°,5.....	6.071
Asphalte.........................	4.605
Perte	7.620
	100.000

Le professeur Vohl a compris dans la perte l'acide carbonique et la créosote; mais en ce faisant, il a probablement tort, comme il ne paraît pas que ces substances aient été trouvées dans aucune huile minérale, quoiqu'on ait fréquemment cherché à en établir la présence.

PÉTROLE DE SEHNE.

Le pétrole de Sehne, près du Hanovre, a été dernièrement analysé par Uellsman, qui a trouvé qu'il se composait d'hydrocarbures de la formule $Cn\ Hn + 2$; mais il n'a pas réussi à obtenir des corps d'une composition et d'un point d'ébullition constants.

PÉTROLE AMÉRICAIN.

Les huiles minérales d'Amérique, comme celles déjà mentionnées, sont des mélanges de différents hydrocarbures et ne contiennent pas d'oxygène. Suivant les résultats d'expériences auxquelles elles ont été soumises, elles paraîtraient se composer d'hydrocarbures de deux ou de trois séries. Les huiles naturelles contiennent autant que possible un nombre égal d'équivalents de carbone et d'hydrogène, mais les portions les plus légères contiennent un excédant d'hydrogène et paraissent composées principalement d'hydro-carbone de la formule Cn Hn + 2 ; tandis que les produits les plus lourds contiennent un nombre plus grand d'équivalents de carbone que d'hydrogène.

Tous les pétroles américains contiennent de la paraffine, mais pas en aussi grande proportion que l'huile de Rangoon. On y trouve également un composé appelé *pétrol*, et c'est à la présence de cette substance qu'il faut attribuer l'odeur particulière de musc qui se dégage lorsque le pétrole est traité par l'acide nitrique, vu que l'action de cet acide sur le pétrole engendre une odeur musquée.

RECHERCHES DE M. SCHLORLEMMER.

M. Schlorlemmer, opérateur au laboratoire de Owen's College Manchester, vient de faire l'analyse du pétrole américain, et dans un exposé soumis à la Société littéraire et philosophique de Manchester, le professeur Roscoe déclare qu'il a trouvé dans les huiles connues sous le nom de « substitut de térében-thine » (la partie légère des huiles brutes), les quatre composés suivants :

$C^{10} H^{12}$	Hybride d'amyl (point d'ébullition)	34° C.	
$C^{12} H^{14}$	Hybride d'hexyl	id.	68°
$C^{14} H^{16}$	Hybride d'heptyl	id.	98°
$C^{16} H^{18}$	Hybride d'octyl	id.	119°

Il a également trouvé, en petite quantité, un liquide dont le point d'ébullition varie de 20° à 30°, et il en conclut que l'hybride de butyl se trouve en petite quantité dans le pétrole. 18.16 litres de substitut de térébenthine, dont le point d'ébullition variait de 80 à 150°, ont produit 1 kil. 359 d'hybride d'heptyl pur. M. Schlorlemmer a également trouvé en petite quantité du benzole et du toluole, ainsi que des traces d'oléfines.

RECHERCHES DE MM. PELOUZE ET A. CAHOURS.

La composition du pétrole américain a également été analysée par MM. Pelouze et Aug. Cahours (1), et ils ont réussi à isoler de la portion la plus volatile, c'est-à-dire celle dont le point d'ébullition est au-dessous de 200°, les hydro-carbures suivants, dont quatre ont déjà été mentionnés comme obtenus par M. Schlorlemmer :

	Densité.	Point d'ébullition	Densité de vapeur
Hybride de butyl $C^8 H^{10}$	...	.....	...
Hybride d'amyl $C^{10} H^{12}$	0.628	30°	2.577
Hybride de Caproyl (hybr. d'hexyl) $C^{12} H^{14}$	0.669	.....	...
Hybride d'Ænantyl (hybr. d'heptyl) $C^{14} H^{16}$	0.699	92° à 94°	3.616
Hybride de Caproyl (hybr. d'octyl) $C^{16} H^{18}$	0.726	116° à 118°	4.009
Hybride de Pelargonyl.......... $C^{18} H^{20}$	0.741	136° à 138°	4.341
Hybride de Rutyl $C^{20} H^{22}$	0.757	160° à 162°	5.040
Id. id. $C^{22} H^{24}$	0.766	180° à 184°	5.458

BENZOLE.

La quantité de benzole dans le pétrole, *s'il s'en trouve*, est excessivement petite. Je n'ai pu en découvrir dans aucun des échantillons d'huile brute que j'ai examinés, quoique j'en aie trouvé dans plusieurs échantillons de « substitut de térébenthine »; et je suis disposé à croire que, dans ce

(1) *Comptes rendus*, LVI, p. 505; aussi *Chemical News* vol. VII, p. 197.

dernier cas, le benzole a été produit par la décomposition pendant la distillation.

Cette opinion est confirmée par une remarque faite par M. Martin Murphy, du collège de chimie de Liverpool, qui a annoncé à un des derniers meetings de l'Association des chimistes de Liverpool qu'il n'avait trouvé du benzole dans le pétrole que dans un ou deux cas, en très faible quantité, et encore était-il d'avis qu'il résultait de la décomposition pendant ses expériences.

La circulaire de la Compagnie des huiles du Canada, mentionne la production de matières tinctoriales, la mauve, la magenta, etc., comme devant être une des sources de bénéfice tirées du pétrole. Pour le moment, il ne peut en être question, attendu que la plus grande quantité de benzole qu'on ait encore trouvée dans le pétrole, ou plutôt dans le substitut de térébenthine, serait tout à fait insuffisante pour la production de matières tinctoriales sur une échelle rémunératrice.

AUTRES ANALYSES.

Le *Technologist* de mars 1861 contient une analyse du pétrole américain faite par M. Dugald-Campbell. L'huile examinée par ce chimiste était d'une couleur verdâtre foncée, d'une odeur éthérée assez agréable, ayant une densité de 860 à 15° C.. Il l'a distillée en quatre portions égales, dont les gravités spécifiques étaient comme suit :

La première partie..................... 825

La seconde partie..................... 828

La troisième partie..................... 833

La quatrième partie..................... 846

M. Campbell fait observer à l'égard de cette analyse :

« La couleur de ces produits de la distillation était variée. Le n° 1 était d'une couleur de Xérès légère, le n° 2 était plus foncé, le n° 3 était encore plus foncé et le n° 4 brun. Leurs points d'ébullition étaient élevés N° 1, 180°, et à ce point de vue ils ne ressemblent pas au naphte. »

Un autre échantillon, ayant une densité de 900, a également été analysé par M. Campbell : « Cette huile était de couleur foncée et ne tirait pas tant sur le vert. En la laissant au repos, elle a déposé un peu d'eau et quelque matière terreuse de couleur jaune. Les résultats de la distillation ont été moins favorables que ceux du premier échantillon. »

Ces deux échantillons d'huile étaient évidemment de qualité inférieure à la plupart du pétrole importé dans ce pays.

Le docteur Sheridan Muspratt a fait l'analyse suivante du pétrole de Canada. 100 parties d'huile d'Enniskillen ont donné les produits suivants à la distillation :

Naphte de couleur légère gr. sp. 0.794..	20
Naphte jaune lourd gr. sp. 0.837......	50
Huile lourde de graissage très paraffinée.	22
Goudron	5
Charbon..............................	1
Perte	2
	100

Voici maintenant une analyse du goudron des Barbades, faite par M. Charles Humfrey et publiée dans le *Technologist* de mars 1863.

L'échantillon était brun foncé, très visqueux, ayant une odeur très peu prononcée, mais agréable ; sa gravité spécifique était de ·940; 200 grammes soumis à la distillation ont rendu :

$$
\begin{array}{lr}
\text{Eau} \dots\dots\dots\dots\dots\dots\dots\dots\dots & 10 \text{ gr.} \\
\text{Huile brute n° 1 gr. sp. } 0\cdot912 \dots\dots & 100 — \\
\qquad — \qquad \text{n° 2} \quad — \quad 0\cdot927 \dots\dots & 80 — \\
\text{Coke} \dots\dots\dots\dots\dots\dots\dots\dots & 10 — \\
\hline
& 200 \text{ gr.}
\end{array}
$$

Le n° 1, après avoir été raffiné, a rendu 80 grammes d'une huile fine, de couleur pâle, sans odeur, pesant 0.908. Le n° 2 a rendu 50 grammes d'une huile fine de couleur foncée, légèrement empyreumatique, pesant 0.918.

J'ai représenté dans le tableau suivant quatre analyses choisies parmi un très grand nombre faites dans ces derniers temps, indiquant la composition moyenne des différentes sortes de pétrole importé du Canada et des États-Unis dans ce pays. Ces analyses ont été faites dans le but de connaître le rapport des différents produits obtenus de chaque échantillon. La gravité spécifique de l'esprit et de l'huile d'éclairage a été fixée à ·735 et ·820 respectivement, parce que ces densités, suivant moi, représentent les meilleures limites à établir entre l'esprit et l'huile à brûler et entre l'huile à brûler et l'huile lourde à graisser.

	1 gr. sp. 802	2 gr. sp. 815	3 gr. sp. 835	4 gr. sp. 820
Esprit, gr. sp..... 735	14.7	15.2	12.5	4.3
Huile à brûler, id. 830	41.0	39.5	35.8	44.2
Huile à graisser.....	39.4	38.4	43.7	45.7
Paraffine............	2.0	3.0	3.0	2.7
Coke................	2.1	2.7	3.2	2.2
Perte	.8	1.2	1.8	.9
	100.0	100.0	100.0	100.0

Le n° 1 était du pétrole de Pennsylvanie de couleur verdâtre foncée, d'une odeur éthérée prononcée, mais pas désagréable. Cette huile émettait une vapeur inflammable aux températures ordinaires.

Le n° 2 était également du pétrole de Pennsylvanie, de couleur brune foncée et d'une odeur assez désagréable. Elle émettait une vapeur inflammable aux températures ordinaires.

Le n° 3 était du pétrole du Canada, de couleur brune foncée, ayant une odeur d'ail très prononcée. Elle émettait une vapeur inflammable aux températures ordinaires.

Le n° 4 était du pétrole des États-Unis, sans indication de la localité, de couleur verdâtre foncée, ayant une odeur peu prononcée et assez agréable.

Un échantillon de pétrole Africain d'un port de la mer Rouge importé par M. J.-L. Caridias, de Liverpool, couleur brun foncé, odeur faible et assez agréable, gravité spécifique 912 et émettant une vapeur inflammable à 82°, a donné les résultats suivants :

Huile propre à l'éclairage gr. sp. ·835.	30.0
Huile plus lourde, propre au graissage gr. sp. ·887	59.5
Paraffine	5.2
Coke	3.7
Perte	1.6
	100.0

CHAPITRE V.

EMPLOIS.

Emplois de l'huile de Rangoon. — Asphalte de Trinidad. — Asphalte persan. — Pétrole comme combustible. — Commission française. — Gaz de pétrole. — Expériences faites à Homer et à Courtland. — Expériences de M. G. Bower, etc.

Les pétroles bruts tels qu'on les obtient des puits, ont été employés à différents usages sans avoir été soumis au procédé de raffinage.

Les huiles les plus lourdes ont été quelquefois employées pour le graissage de la grosse mécanique.

L'huile de Rangoon est très répandue dans les Indes pour l'alimentation des lampes et la fabrication des torches, ainsi que pour conserver les bois, les cloisons en tresses de paille, les feuilles de palmier, etc., contre le ravage des insectes et les intempéries de l'air. La fourmi blanche n'attaque pas le bois qui a été trempé dans cette huile.

ASPHALTE DE TRINIDAD.

L'asphalte de Trinidad, mélangé avec de la graisse, est souvent appliqué sur les flancs des navires pour empêcher qu'ils ne soient pénétrés par le *toredo*, et mélangé avec de la chaux il constitue, dit-on, un désinfectant excellent et on prétend également que le bois

qui a été trempé dans le pétrole, n'a rien à craindre
de la carie pendant plusieurs années.

ASPHALTE PERSAN.

L'asphalte obtenu par l'évaporation du pétrole est
beaucoup employé en Perse et dans les pays avoisinants, pour enduire la toiture des maisons et en
France, depuis bien des années, il a été employé à la
construction des trottoirs.

Les huiles provenant de différentes localités peuvent être brûlées dans des lampes telles qu'on les
obtient des puits, sans avoir subi aucun raffinage.

PÉTROLE EMPLOYÉ COMME COMBUSTIBLE. — COMMISSION FRANÇAISE.

Le pétrole brut a également été employé comme
combustible, et appliqué à la production de la vapeur
dans les générateurs. Le gouvernement français a
nommé une commission pour examiner la capacité du
pétrole pour la génération de la vapeur, et il a été
prouvé que, dans dix-sept minutes, avec une consommation de 1 kil. 92 de pétrole, on a obtenu de la vapeur à une pression donnée, et que le même résultat
ne serait obtenu que dans trente minutes avec 4 kil. 23
de houille. Les steamers au long cours économise-
ront, par son adoption, 250 p. 0/0 du volume réservé
au combustible, tandis que, pour l'alimentation et
l'entretien des foyers, une escouade de dix hommes
suffit pour le pétrole lorsque la houille en exige cinquante. Les feux peuvent être entièrement éteints
dans une minute et demie, et réallumés à leur plus
grande intensité dans le même espace de temps.
Le pétrole peut également être employé avec les
mêmes avantages pour le chauffage des locomotives.

M. L.-L. Linton est l'inventeur du procédé soumis à l'examen de la commission française.

Je ne connais pas l'appareil employé pour ces expériences, mais la description suivante est celle d'un appareil déjà employé pour le chauffage des générateurs : — Une série de tuyaux en fer est couchée dans le foyer du générateur, lesquels tuyaux sont perforés, sur leur face supérieure, d'une infinité de petits trous. L'huile est amenée dans ces tuyaux par une pompe foulante, dont l'action est régularisée par un récipient d'air, et elle se répand en pluie fine dans l'espace ordinairement occupé par la flamme du bois ou du charbon, et cette pluie, une fois allumée, remplit complétement le foyer et les galeries du générateur, et y maintient la chaleur voulue.

GAZ DE PÉTROLE A HOMER ET A COURTLAND.

Plusieurs essais ont eu lieu pour remplacer la houille par le pétrole pour la production du gaz, et les résultats de quelques expériences, qui ont eu lieu à Homer et à Courtland, dans l'État de New-York, ont été très satisfaisantes, tant en ce qui regarde la qualité éclairante que le bon marché remarquable du gaz de pétrole. (Ce bon marché s'applique à l'Amérique, où l'huile se trouve à très bas prix.)

Comme cette question est d'une grande importance, je donne l'extrait suivant d'un article publié dans le *Journal of the Board of Arts and Manufactures for Upper Canada* :

« Le procédé employé à Homer et à Courtland est analogue, sous tous les rapports, à celui qui permet au propriétaire de Stevenson-House, Sainte-Catherine, C. W., d'éclairer son établissement à l'aide de

180 becs, et au prix de 4 fr. 50 par nuit, et qui est une application de la patente Thompson.

Les cornues à Homer sont au nombre de deux, et ont les dimensions suivantes ;

Longueur...................... $2^m,30$
Largeur...................... $0^m,40$
Hauteur....................... $0^m,30$

Deux tuyaux verticaux sont fondus sur chaque cornue, afin de les alimenter d'eau et de pétrole. Les cornues sont couchées horizontalement sous une voûte, absolument comme cela se pratique avec les cornues ordinaires pour la houille, auxquelles on peut les substituer à peu de frais et sans grande peine. Chaque cornue est partagée en trois chambres, que l'on nomme les chambres à pétrole, à eau et au coke respectivement.

Du pétrole et de l'eau sont introduits, en courants continus, dans les tubes ci-dessus décrits, de telle manière que, lorsqu'un fût de pétrole a été établi à une hauteur suffisante pour permettre à un tuyau, pourvu d'un robinet, d'alimenter la cornue, le fluide peut y être admis, et le procédé de sa conversion en gaz se poursuit, sans autre manipulation, jusqu'à épuisement du pétrole contenu dans le fût.

Deux séries d'expériences ont été faites récemment à Homer avec les résultats suivants :

MOYENNE DES DEUX EXPÉRIENCES.

Quantité totale de gaz fabriqué, $149^m,50$ cubes.

Temps occupé pour la production de ce gaz, cinq heures trente-cinq minutes.

Soit environ 27 mètres cubes par heure, ou $13^m,50$ par cornue.

Consommation du pétrole, 50 litres par 28 mètres.

Dans la première heure de la seconde expérience, on a produit 30 mètres de gaz; et le condenseur indiquait une admission trop considérable d'eau (environ une huitième partie de la charge du pétrole). Cette quantité excédante d'eau a évidemment refroidi la cornue, et empêché que le gaz ne soit formé aussi rapidement que pendant le premier essai.

Un bec de 28 litres, alimenté avec le gaz de pétrole, projette une lumière aussi brillante qu'un bec de 112 litres, alimenté par le gaz de houille (1). D'où il nsuit que 100 mètres cubes de gaz de pétrole sont équivalents à 400 mètres de gaz ordinaire de houille, en ce qui regarde leur pouvoir éclairant.

Pour la fabrication du gaz de houille, on introduit ordinairement dans la cornue une charge de 68 kil. de charbon, où il séjourne pendant cinq heures, et si ce charbon est de qualité médiocre, il rendra 17 mètres cubes de gaz, ce qui représente une production de 250 mètres cubes par tonne, ou 1,000 kil. de charbon. Pour produire 17 mètres de gaz, la distillation destructive doit durer cinq heures. Dans une cornue ayant les mêmes proportions, et chauffée de la même manière, on arrive à une production de $70^{m},8$ cubes de gaz de pétrole dans des conditions tout à fait identiques. Et, comme un mètre de gaz de pétrole équivaut, quant à sa puissance éclairante, à quatre mètres

(1) Le journal américain *Gas Light Journal* contient un article récent où l'on affirme que le gaz de pétrole donne une lumière d'une puissance éclairante six ou sept fois plus considérable que le gaz de houille. Il se peut qu'il en soit ainsi : mais afin d'éviter une erreur en excès, on ne la suppose que quatre fois plus considérable, c'est-à-dire qu'un brûleur de 28 litres alimenté de gaz de pétrole équivaut à un brûleur de 112 litres alimenté de gaz de houille ordinaire.

de gaz de charbon, il en résulte que, dans cinq heures, le pétrole produit l'énorme quantité de $283^m,2$ cubes de gaz contre 17 mètres cubes par le procédé du charbon. L'économie du combustible et de la main-d'œuvre doit nécessairement être très considérable.

Si nous supposons que le pouvoir éclairant du gaz de pétrole n'est que trois fois plus grand que celui du gaz de houille, la proportion de chaque espèce, produite en cinq heures, est comme suit :

$212^m,4$ cubes de gaz par le procédé au pétrole.

17 mètres cubes de gaz par le procédé à la houille.

D'où il résulte, et ce chiffre est au-dessous de la vérité, que l'économie de temps pour la fabrication du gaz de pétrole, comparé à celui de la houille, est dans le rapport de douze à un.

Ce fait seul suffit pour réduire le nombre de cornues, dans une usine à gaz de pétrole, sur une grande échelle, à au moins un sixième du nombre nécessaire pour une usine à gaz de houille. En réalité, une cornue à pétrole peut produire l'équivalent en gaz de douze cornues à gaz de houille. Si l'on envisage la dépense annuelle des cornues, cette considération à elle seule est un argument puissant en faveur du procédé à pétrole; car non-seulement on effectue la réduction du nombre des cornues, comme il a été susdit, mais tous les tuyaux de communication, les énormes barillets et le système volumineux des condenseurs et des épurateurs sont réduits dans la même proportion. La main-d'œuvre ou manipulation du charbon disparaît complétement, et une grande partie du capital pour la construction des usines est économisée.

Nous passerons maintenant à la question du prix comparatif : en supposant qu'on fasse usage de deux batteries contenant chacune deux cornues pour la fabrication du gaz de pétrole et du gaz de charbon respectivement, le prix des appareils en eux-mêmes est à peu près identique. La durée du chauffage et le combustible employé sont les mêmes. Le prix de 50 litres de-pétrole (ou de 28 mètres cubes de gaz de pétrole) à 6,6 centimes le litre (prix actuel à Toronto), revient à 3 fr. 30 c. Le prix de 114 kil. de houille (ou de 28 mètres cubes de gaz de houille) à 27 f. 50 c. la tonne est de 3 fr. 3 c. Mais 28 mètres de gaz de pétrole, à l'estimer au plus bas, équivalent à 84 mètres de gaz à la houille, d'où il suit que les 84 mètres de gaz au charbon (équivalant aux 28 mètres de gaz au pétrole) doivent être représentés en triplant la quantité du charbon, qui serait donc de 342 kil., revenant à 9 fr. 40 c. Il faudrait encore réduire du prix d'acquisition du charbon de la valeur du coke; mais ce chiffre doit être compensé par l'économie de la main-d'œuvre dans la manipulation du pétrole comparée à celle de la houille.

Lorsque le pétrole est à 11 fr. l'hectolitre et le charbon à 33 fr. 10 c. la tonne, le prix relatif des matières employées sera comme suit :

Gaz de pétrole, 28 mètres........　　5 fr. 50 c.
Gaz de houille, 84 mètres........　　11　　32

Les comparaisons susmentionnées ont rapport au prix de revient de la matière avec laquelle les gaz sont confectionnés; mais si nous nous basons sur les prix actuels des compagnies à gaz, les résultats sont encore plus frappants.

Le prix de revient d'une usine particulière pour alimenter 200 brûleurs sera d'environ 5,000 fr.; la main-d'œuvre d'un homme par jour, la chaux pour

épurer, trois boisseaux de coke à 50 centimes le bois-
seau, le porteront comme suit :

Intérêt du capital à 8 p. 0/0
    par an......................   400 fr. » c.
Main-d'œuvre, à 5 fr. par jour.   1,825   »
Chaux pour épurer, 200 bois-
    seaux par an, à 1 fr. le bois-
    seau   200   »
Pétrole pour convertir en gaz
    pour 200 brûleurs à 28.2 li-
    tres, 5 heures par jour pen-
    dant toute l'année (10,240
    mètres cubes de gaz), 18,228
    litres à 6 6/10 cent. le litre.   1,203   05
Combustible, soit 4 boisseaux
    de coke par jour, à 50 cent.
    le boisseau   730   »
                   ———————
      Prix total........ 4,358   05

L'équivalent de 10,240 mètres cubes de gaz à pétrole en gaz à la houille est de 30,720 mètres cubes,
en prenant pour base de calcul que le mètre du gaz
de pétrole est égal à 3 mètres de gaz à la houille.

Prix de 30,720 mètres de gaz de houille à 12 fr.
50 c. (les 1,000 pieds cubes), 28.31 mètres cubes
(prix très bas pour les États-Unis
et le Canada)...................... 13,564 fr. 12 c.
Différence annuelle en faveur du
gaz de pétrole..................... 9,206   07

Le prix du pétrole étant de 11 centimes le litre au
lieu de 6 6/10, la différence en faveur du gaz de pétrole sera de 8,404 fr. 04 c. par an, comme suit :

Intérêts du capital............	400 fr.	» c.
Main-d'œuvre	1,825	»
Chaux......................	200	»
Pétrole	2,005	08
Coke	730	»
	5,160	08
30,720 mètres cubes de gaz de houille à 12 fr. 50 c. pour 28.31 mètres..............	13,564	12
Différence en faveur du gaz de pétrole par an.............	8,404	04

Dans une usine comptant douze cornues à gaz de houille fonctionnant nuit et jour, chaque cornue recevant une charge de 68 kil., on peut produire 1,000 mètres cubes de gaz dans les vingt-quatre heures. Cette quantité peut être obtenue de deux cornues chargées de pétrole dans douze heures, savoir :

Deux cornues à pétrole rendent 27.77 mètres cubes par heure.

En douze heures elles donneront 333.24 mètres cubes.

L'équivalent de 333.24 mètres de gaz de pétrole correspond à 1,000 mètres de gaz de houille.

En réduisant ces considérations à la même unité de temps, c'est-à-dire vingt-quatre heures, deux cornues à pétrole ayant les mêmes dimensions que celles de la houille, rendront 666.48 mètres cubes de gaz de pétrole, équivalant à 2,000 mètres cubes de gaz de houille, somme égale au rendement de vingt-quatre cornues, chargées de 68 kil. de houille chaque, toutes les cinq heures pendant vingt-quatre heures.

D'autres faits viennent s'ajouter à ces premiers, et

rendent la production du gaz de pétrole plus économique que celle du gaz de houille. La quantité de chaux
nécessaire pour l'épuration n'est pas aussi considérable à cinquante pour cent près. La quantité d'eau employée pour la condensation et le lavage est beaucoup
moindre, et la production du goudron est restreinte
relativement à la quantité du gaz obtenu. Le gaz ne
contient aucun de ces composés sulfureux infects qui
portent un si grave préjudice à l'emploi du gaz de
houille mal épuré.

L'usure des cornues dans la fabrication du gaz de
houille est immense. Cet inconvénient doit être attribué, en grande mesure, à la formation du graphite
sur les parois internes des cornues, qui s'accumule
en couches concentriques, dont l'épaisseur mesure
jusqu'à 25 et même 50 millimètres. Les cornues sont
aussi sujettes à être avariées considérablement par le
contact de l'air qui y pénètre lorsqu'on introduit une
nouvelle charge de houille. Cette dernière source de
destruction rapide est évitée complétement dans les
cornues à pétrole, qui ne communiquent pas avec l'atmosphère lorsqu'elles sont encore à une haute température, et ne demandent à être ouvertes que de
temps en temps pour enlever le carbon ou graphite
qui s'y serait déposé, et cette extraction peut s'effectuer
avec une grande facilité en remplissant partielle-
ment la chambre à pétrole avec des briques réfrac-
taires, ce qui a pour effet d'augmenter considérablement la surface de chauffe à laquelle les vapeurs
richesd es hydrocarbures sont exposées, et de faciliter
leur conversion en gaz permanent d'éclairage. On
peut diminuer d'une manière sensible le dépôt de
carbon en réduisant la pression du gaz sur la cornue,
laquelle pression peut être réduite aux dernières li-

mites dans l'appareil à pétrole par une disposition simple de joints hydrauliques.

L'emploi de l'eau dans le procédé au moyen duquel le résultat susdécrit est obtenu a pour effet de convertir les vapeurs volatiles et hydrocarbures du pétrole en gaz permanent. Cette eau accuse sa condition sphéroïdale à l'instant même qu'elle frappe l'intérieur de la cornue, et, dans cet état, ses sphéroïdes développent de la vapeur d'une très haute température, ayant aussi une grande puissance de réduction. Le gaz riche du pétrole peut être dilué largement par la formation de ce soi-disant gaz à eau ; mais la pratique a indiqué que cette manière de procéder est dispendieuse, et qu'il est beaucoup plus économique de faire usage d'un brûleur de 28 litres consommant un gaz d'une grande puissance éclairante, que d'un brûleur consommant une quantité triple ou quadruple de gaz dilué.

Les avantages et l'économie du gaz de pétrole pour l'éclairage, ont été plus haut suffisamment établis, et on peut revendiquer en sa faveur plusieurs autres applications. Le gaz de pétrole est une source précieuse et économique de chaleur. Les poêles chauffés au gaz de houille, quoique connus de longue date, ne sont que peu répandus en raison du peu de chaleur émise par le gaz ; ce genre de chauffage est également trop dispendieux, tant que le prix du gaz de houille est maintenu à 12 fr. 50 c., pour mètres cubes 28 31. Le gaz de pétrole est admirablement adapté au chauffage. Il contient une proportion beaucoup plus considérable d'hydrogène carburé que le gaz de houille, et l'hydrogène carburé dégage plus de chaleur pendant la combustion que ne le fait une même quantité d'hydrogène ou d'oxyde carbonique ; ce fait reste suffisamment prouvé par les expériences suivantes, déduites des travaux de Dulong : 30 litres d'hydrogène carburé brûlés dans une chambre d'une contenance de 70 mètres cubes, en élèvent la température de 15°5 à 26°6, tandis que 30 litres d'oxyde carbonique brûlés dans une chambre de même contenance n'en élèvent la température que de 15°5 à 19°1, et 30 litres d'hydrogène élèvent la température d'une pièce de la même capacité de 15°5 à 19°. Autrement dit, la consommation de 30 litres d'hydrogène carburé peut élever de 0 à 100°, 2,69 kil. d'eau. 30 litres d'oxyde carbonique ne produiront le même résultat que sur 850 grammes d'eau, et 30 litres d'hydrogène sur 822 grammes. Avec un brûleur et un appareil de construction particulière, et consommant 170 litres à l'heure produit sous la pression ordinaire affectée au gaz d'éclairage, on peut former une flamme de gaz de pétrole ayant une longueur variant de 0,45 à 0,60 centimètres. Cette flamme est presque dépourvue de qualités lumineuses, mais, en revanche, elle émet une chaleur intense. On peut l'utiliser au chauffage des habitations particulières, pour la cuisine et autres usages domestiques. Le prix de ce gaz de chauffage revient à 6 fr. 50 c. par mois pour un poêle chauffé pendant dix heures chaque jour, lorsque le pétrole coûte 6 fr. 62 c. l'hectolitre; lorsqu'il coûte 11 fr., ce chauffage revient à 10 fr. 80 c. Pour 10 fr. par mois, la chaumière du pauvre peut être éclairée et chauffée pendant dix heures par jour. Avec un brûleur ayant des dimensions moins considérables, consumant 85 litres par heure, on peut alimenter le foyer de la cuisine, et un bec de 28 litres produisant la chaleur et la lumière suffisantes pour une chambre pendant vingt-quatre heures, chaque jour à raison de 10 fr. par mois. Ce prix ne comprend naturellement que la matière première (1).

Il ne faut pas oublier que les observations que nous venons de présenter sur le gaz de pétrole ne s'appliquent qu'à l'Amérique, où le gaz de houille est beaucoup plus cher, et le pétrole beaucoup meilleur marché qu'en Angleterre. Quoi qu'il en soit, il est présumable que, même dans notre pays en certaines circonstances, le gaz de pétrole pourra être employé avantageusement. Par exemple, lorsqu'on désirera une lumière très pure et très brillante, et que la différence de prix ne devra pas peser sur cet emploi, le gaz de pétrole sera décidément préféré au gaz de houille.

Pour l'éclairage artificiel des galeries de tableaux, le gaz de pétrole doit certainement être préférable, car il ne contient aucun des composés sulfureux, etc., qui sont contenus dans le gaz de houille et qui détériorent jusqu'à un certain degré les peintures à l'huile. Il est également possible que le mélange du gaz de pétrole avec le gaz de houille, pour augmenter la puissance éclairante de ce dernier, puisse être employé avec avantage.

EXPÉRIENCES DE M. BOWER, ETC.

M. George Bower, ingénieur de St. Neots, Huntingdonshire, a eu la bonté de mettre à ma disposition

(1) Les observations sur l'emploi du gaz de pétrole comme élément de chauffage pour la cuisine, etc., sont reproduites ici de l'article susmentionné; je désirerais cependant faire remarquer que, quoique le gaz de pétrole soit certainement supérieur au gaz de houille en ce qui regarde sa puissance éclairante, je ne puis le considérer aussi efficace en ce qui regarde le chauffage et la cuisine. Voir aussi les remarques de M. Bower, page 62. A. N. T.

les résultats de quelques expériences faites par lui sur
la production du gaz avec le pétrole, ainsi que pour
reconnaître si on pouvait l'employer conjointement
avec de la houille ordinaire, du bois ou de la tourbe,
afin d'enrichir les gaz obtenus de ces dernières substances, pour entrer en concurrence avec le boghead,
qui est le genre de houille le plus employé actuellement.

L'appareil établi par M. Bower consiste en une
cornue à double effet, de 1ᵐ20 de long, connue sous le
nom de cornue Fitzmaurice, dont M. Bower est le propriétaire.

La *Fig.* 3 est une élévation longitudinale de cette
cornue.

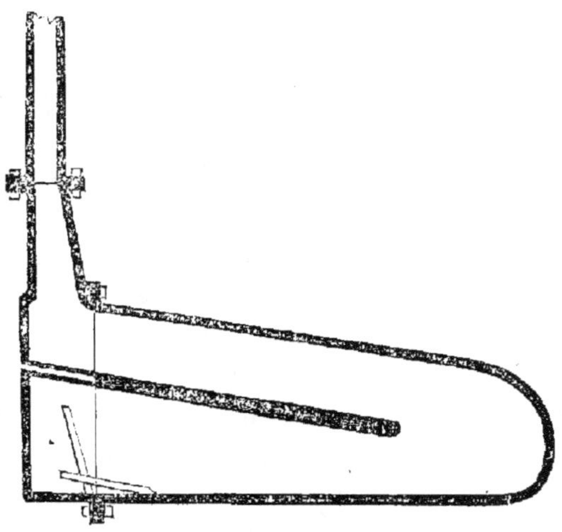

Fig. 3.

La *Fig.* 4 en est une élévation de face.

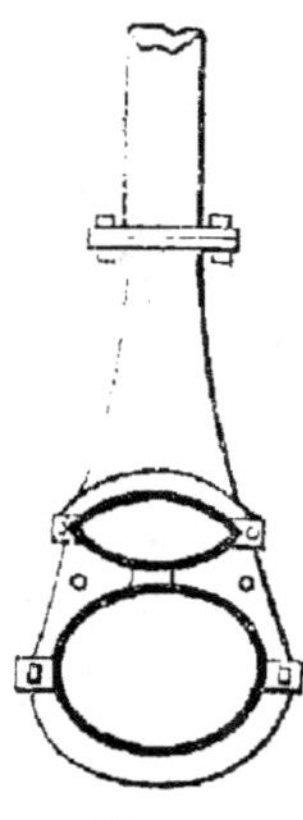

Fig. 4.

Les autres organes de l'appareil sont les mêmes que pour la houille ordinaire, sauf que l'épurateur est supprimé ; mais le condenseur doit avoir une surface double en raison de la rapidité avec laquelle le gaz est engendré. Un compteur pour enregistrer la quantité de gaz produite, et un gazomètre pour l'emmagasiner complètent l'appareil.

L'huile employée a été fournie par M. Alex. S. Macrae, de Liverpool; il y en avait de deux qualités différentes, l'une accusant une gravité spécifique de 805, et l'autre de 910 ; mais les remarques qui suivent se rapportent à l'huile pesant 805; comme il a été reconnu que son emploi était le plus économique, le rendement en gaz était en rapport direct avec sa légèreté, tandis que la chaleur nécessaire à sa conversion s'augmentait en raison directe de sa densité.

On a eu pour habitude jusqu'ici, dans la fabrication du gaz avec de l'huile, de remplir les cornues de coke, briques cassées ou toute autre matière offrant de la surface, et tantôt on a laissé l'huile égoutter sur ces matières, et tantôt on l'a laissée couler entre ces matières placées en pente ; cette disposition, cependant, paraîtrait vicieuse, en ce sens qu'elle tend à l'absorption du carbone, qui est la base lumineuse de tous les gaz. A la suite de nombreuses expériences, M. Bower conclut qu'une grande chaleur, avec une large surface, constitue la disposition la plus vicieuse pour la fabrication du gaz avec de l'huile; on obtient les meilleurs résultats, au contraire, avec une chaleur

modérée, rouge-cerise foncée au jour et la cornue
double sans aucun chargement de coke, briques, etc.:
ces résultats ne se rapportant pas au volume de gaz,
mais *à la quantité de lumière;* en d'autres termes,
un mètre cube de gaz obtenu à l'aide de cette dernière disposition, avec une quantité donnée d'huile,
émettrait plus de lumière que deux mètres cubes obtenus suivant la première disposition avec la même
quantité donnée d'huile.

Touchant le prix du gaz de pétrole, M. Bower fait
observer : « Avec les prix actuels de l'huile (environ
27 fr. 50 c. l'hectolitre), il ne saurait être autrement
que dispendieux, comparé, à volume égal, avec le gaz
de houille ordinaire; mais lorsqu'on prend en considération tous les avantages collatéraux et qu'on établit la comparaison sur le *maximum* de lumière éma-
nant de volumes égaux, l'écart devient moins sensible.

» Les avantages du gaz d'huile sur le gaz de houille
consistant en ce qu'il n'a besoin d'aucune épuration,
car il est complétement exempt d'impuretés, il s'en-
suit qu'on peut s'en servir dans les salons de luxe,
les bibliothèques ou les galeries de tableaux sans qu'il
y ait le moindre danger à craindre de ses effets. Le
procédé de la fabrication du gaz est beaucoup plus
simple, l'appareil capable de produire une quantité
donnée de lumière est beaucoup moins coûteux que
celui qu'exigerait l'emploi de la houille, et, par conséquent, l'entretien et les réparations sont aussi
moindres, et non-seulement une somme moindre de
ce gaz fournit une valeur éclairante égale, mais la chaleur émise est considérablement moindre que celle
dégagée par le gaz de houille. »

Si la comparaison devait être établie entre la *houille*
et *l'huile*, la lumière provenant de la houille serait de

beaucoup la moins chère; mais si la comparaison s'é-
tablit entre le suif et l'huile telle qu'on la brûle dans
les lampes ordinaires, alors le prix de la lumière
émise par le gaz de pétrole est de beaucoup inférieur
à celui de la première provenant de l'une ou l'autre
de ces matières.

Une tonne d'huile produira une somme de gaz dont
la lumière équivaudra au rendement de quatre tonnes
de bon charbon de Newcastle. Ainsi, on voit que lorsque le prix du transport constitue le chiffre principal
de la matière à sa destination, l'huile peut, en ce cas,
entrer en concurrence favorable avec la houille; ou
bien, lorsqu'on recherchera surtout la *pureté* du gaz,
ou lorsque, à lumière égale, on désire un éclairage
plus brillant et plus puissant que l'huile brûlée dans
les lampes modérateurs et solaires, le gaz de pétrole,
encore, est non-seulement supérieur, mais aussi d'un
prix de revient beaucoup moins élevé.

Un litre de gaz d'huile émet autant de lumière que
trois litres de gaz ordinaire de houille, et quoique le
gaz, sous de hautes pressions, perde de son pouvoir
éclairant, on peut cependant le condenser à quinze
atmosphères, et le rendre ainsi parfaitement transpor-
table : de sorte qu'opérant en premier lieu sur un gaz
ayant trois ou quatre fois la puissance éclairante du
gaz de houille ordinaire, que l'on condense ensuite à
un quinzième de son volume, un vaste champ est ouvert à l'emploi du gaz d'huile pour l'éclairage des
convois de chemins de fer, des navires, des voitures
particulières et des maisons de campagne où il ne
serait guère possible ou avantageux d'établir de petites usines pour la fourniture du gaz aux pressions
ordinaires. Par exemple, un vase ayant une capacité
de quatorze litres chargé de gaz d'huile comprimé à

quinze atmosphères en rendra deux cent dix, et comme
ledit gaz aurait une puissance éclairante triple du gaz
ordinaire, il produirait un effet équivalant à six ou
huit chandelles pendant sept heures (1).

Le prix quotidien du gaz d'huile de pétrole suffisant pour alimenter cent becs brûlant pendant six
heures, chaque bec émettant une lumière équivalente
à huit chandelles, est comme suit :

68 litres d'huile à 27 fr. 50 c. l'hectol.	18 fr.	70 c.
Coke pour chauffer les cornues, 150 kil. à 2 fr. 50 c. le 100......	3	75
Main-d'œuvre. Un homme et un enfant une partie de la journée.....	1	90
Réparations et entretien...........	»	95
Intérêt du capital.................	»	40
Fonds pour l'entretien perpétuel des appareils.......................	»	60
Prix net de 34 mètres cubes de gaz.	26 fr.	30 c.

Ce devis est à peu près cinq fois plus élevé que le
prix auquel le gaz de houille reviendrait sur la même
échelle; mais comme la puissance éclairante des 34 mètres cubes est égale à 113.27 du gaz de houille ordinaire, la comparaison de l'huile n'est pas si désavan-
tageuse lorsqu'on la considère sous tous les points de
vue, et il en résulterait que si ce gaz était employé à
l'éclairage et non pour la cuisine ou le chauffage (son
application à ces deux derniers emplois étant impossible), beaucoup de personnes préféreraient payer un

(1) Son Altesse Royale feu le Prince Consort s'intéressait beaucoup à la question du gaz portatif et le vase susmentionné a
été commandé par lui pour contenir le gaz d'huile comprimé.
Ce vase est resté entre les mains de M. Bower.

prix plus élevé pour le gaz d'huile, dans le but d'obtenir une lumière *absolument pure*, et laquelle, quoique beaucoup plus chère que le gaz ordinaire de houille, n'en est pas moins infiniment meilleur marché que l'huile, le suif ou la cire, tels qu'on les brûle ordinairement, et est exempte de leurs inconvénients. »

On verra que les résultats des expériences de M. Bower susdonnés n'ont rapport qu'à l'emploi du pétrole sans mélange avec d'autres matières pour la fabrication du gaz, mais les remarques suivantes ont rapport à ses expériences sur l'emploi du pétrole pour enrichir le gaz produit avec le bois et la tourbe; ces dernières substances étant employées exclusivement dans plusieurs parties de la Russie, la Suède et l'Allemagne pour la production d'un gaz d'éclairage.

Le gaz fabriqué tant avec le bois qu'avec la tourbe a une puissance éclairante beaucoup plus faible et contient une proportion d'acide carbonique plus forte que le gaz de houille; l'acide carbonique, surtout, prédomine dans le gaz de bois et doit en être éliminé, sans quoi la lumière qu'il émet est presque nulle. Mais en employant le pétrole conjointement avec le bois ou la tourbe, on produit un gaz de qualité excellente et à un prix comparativement très bas, comme l'huile fournit les qualités qui font défaut au gaz de bois et de tourbe.

Les expériences de M. Bower, tant avec le bois qu'avec la tourbe, ont donné à peu près les mêmes résultats, de sorte que l'exposé suivant peut s'appliquer également à ces deux matières.

« Le sapin, le bouleau et l'écorce de bouleau sont employés en Suède et en Russie, la tourbe est employée en Bavière et en Bohème, et probablement en quelques localités de l'Irlande; et il n'existe actuellement aucune raison pour que la tourbe ne soit employée sur une grande échelle, conjointement avec le pétrole, dans ce dernier pays, tant pour les habitations particulières que pour l'éclairage des petites villes. Je suppose que le bois ou la tourbe arrivés à un état de siccité convenable, livrés aux différentes usines reviennent à 25 fr. la tonne, dans chacun de ces pays, quoiqu'en Suède et en Russie, le sajène de bois (un cube de $2^m,133$), coûte moins de 25 fr. et que son poids soit de 1,250 à 1,500 kil., de sorte que tant en ce qui regarde le bois que la tourbe, ce prix représente une moyenne exacte. Il en résulte donc que le prix de revient commercial pour fabriquer 141.60 mètres de gaz par jour, avec du bois ou de la tourbe à 25 fr. par tonne, et le pétrole 27 fr. 50 c. l'hectolitre serait réparti ainsi :

	fr.	c.
55 litres d'huile à 27 fr. 50 c..........	15	12
500 kil. de bois ou tourbe à 25 fr. la tonne.	12	50
Bois de chauffage pour 2 cornues établies avec un foyer commun, 250 kil.......	6	25
Chaux pour épurer, 4 boisseaux.......	3	75
Main-d'œuvre, un homme par jour......	3	15
Entretien et réparation à raison de 5 fr. par tonne de bois ou de tourbe distillée.	2	50
Intérêt du capital de l'usine valant, avec les bâtiments, environ 11,250 fr. à 5 0/0 par an........................	1	55
Réparation et entretien des appareils et des bâtiments..................	1	25
	46	07
A déduire 203 kil. de charbon à 37 fr. 50 c. la tonne.................. 7 61		
Huile et goudron de bois..... 0 90		
	8	51
Prix de revient net de 141.58 mètres cubes	37	56

de gaz de qualité égale à celui obtenu du cannel de Wigan ou de Newcastle, prix de revient une fois et demi plus considérable que le gaz obtenu de la houille ordinaire, qui revient à 15 centimes le mètre, pour le gaz représentant une intensité lumineuse de douze chandelles ordinaires ; et quoiqu'il puisse contenir une légère quantité de gaz acide carbonique, il est complétement exempt des composés de soufre.

Je suis d'avis que, dans l'avenir, cette huile recevra une très grande application, plutôt pour enrichir les gaz peu chargés de carbone, tels que ceux produits du bois et des tourbes, dans ces pays seuls où on peut les obtenir à des prix raisonnables, que pour la production du gaz seul ; comme en dehors du prix élevé du gaz d'huile, il est très difficile de le brûler convenablement sans être dilué avec une quantité considérable d'hydrogène ; car quelque atténuée que soit la flamme sans une pareille dilution, l'air ordinaire ne suffira pas pour produire une combustion parfaite ; une flamme ainsi alimentée aurait le grand désavantage d'engendrer de la fumée. »

Les expériences susdécrites sont extrêmement précieuses et intéressantes, spécialement en raison de leur caractère pratique, en ce sens qu'elles ont été conduites par une personne parfaitement versée dans la fabrication du gaz avec différentes matières.

En présence des résultats obtenus, il ne peut exister de doute que le gaz de pétrole peut être employé avec un avantage marqué dans beaucoup de cas, et il est plus que probable que l'usage s'en répandra, quoique actuellement son prix élevé semble s'y opposer.

Avant de passer à un autre article, je désire signaler aux raffineurs l'avantage qu'il y a à recueillir le gaz émis pendant la distillation du pétrole. Pendant cette opération, il se dégage de grandes quantités de gaz qui pourraient être recueillies et servir avantageusement à l'éclairage. Certains manufacturiers ont déjà mis en pratique ce système, et j'ai remarqué un petit appareil disposé à cet effet dans l'usine de MM. Prentiss et Cᵒ, à Birkenhead. M. Prentiss m'a assuré qu'à l'aide de cet appareil, il réalise une économie considérable : les manufacturiers en général ne sauraient être indifférents à cette application.

CHAPITRE VI.

DU RAFFINAGE.

Procédé général de raffinage. — Distillation et épuration. — Laveuse de M. Gouldie. — Tambour rotatif du capitaine Downer. — Procédé et appareil de M. Prentiss. — Procédé employé par la fabrique de bougies brevetées de M. Price et Cᵒ.

Différents systèmes sont employés pour raffiner le pétrole et, en raison de la grande diversité dans la qualité de ces huiles, il est excessivement difficile de préciser un mode général de traitement approprié à toutes les variétés.

Nous commencerons par décrire le procédé le plus usuellement adopté, et on verra qu'il ne s'écarte guere de celui employé pour le raffinage des huiles obtenues par la distillation du charbon. Nous ferons observer cependant que, pour plusieurs de ces huiles, on peut se dispenser de les soumettre à toutes les opérations qui seront indiquées, car elles peuvent être suffisamment épurées par un traitement partiel.

DISTILLATION ET ÉPURATION.

L'appareil dont on fait usage est un alambic en

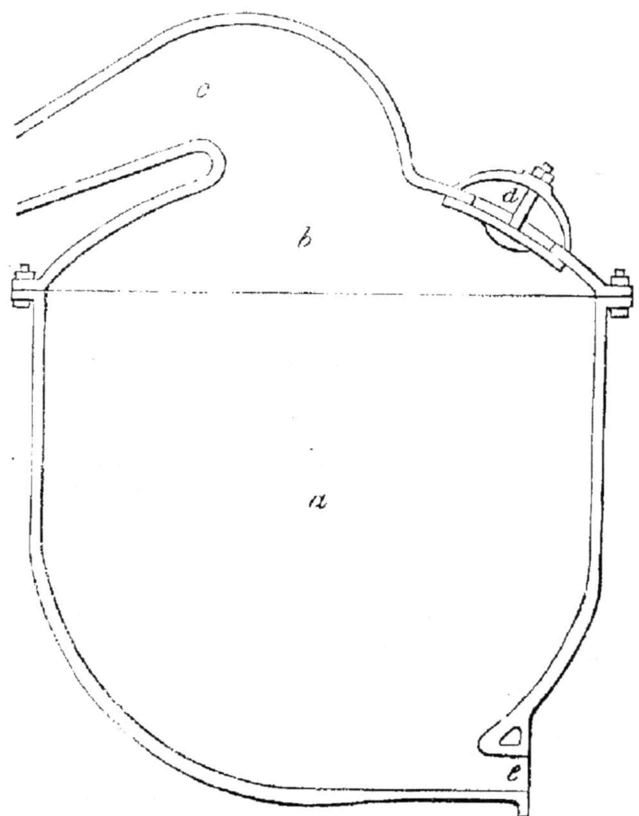

fonte ordinaire (*fig.* 5) protégé par de la maçonnerie qui empêche l'action directe du coup de flamme sur l'alambic, et sert aussi à égaliser la température et à diminuer le danger de rupture des alambics.

a est un alambic en fonte, auquel est adapté un couvercle *b* terminé par un col de cygne *c*; *d* est un trou d'homme disposé pour le nettoyage de l'alambic et à autre fin; *e* est un tuyau adapté au fond de l'appareil pour en décharger le contenu au besoin, ce dernier accessoire n'est que rarement ajouté aux alambics qui, pour la plupart, en sont dépourvus. Des tuyaux de prise de vapeur sont insérés dans ces appareils, lorsqu'on fait usage de vapeur pour la distillation.

Conjointement avec l'alambic, on dispose un serpentin de tuyaux en fer monté dans une grande cuve ou bâche chargée d'eau. Le serpentin en fer affecte ordinairement la forme du serpentin condenseur ordinaire employé pour la distillation de l'eau, de l'alcool, etc. Ces serpentins ou tuyaux de condensation doivent, pour les alambics de puissance ordinaire, avoir environ 30 mètres de longueur, avec un diamètre minimum de 15 centimètres à l'endroit de leur jonction avec le col de l'alambic, diminuant jusqu'à 10 centimètres au centre du serpentin et ne mesurant que 5 centimètres de diamètre à l'orifice de sortie. L'eau entourant ces serpentins doit être maintenue comparativement froide jusqu'au moment ou la paraffine commence à passer, et alors sa température doit être portée à 26°6 centigrades, afin d'éviter le danger de la solidification de la paraffine dans le serpentin, dont l'obstruction entraînerait l'explosion de l'alambic.

Certains condenseurs sont formés d'une série de tuyaux en fer couchés horizontalement et réunis à leurs extrémités.

La charge d'huile brute est coulée dans l'alambic et distillée sans l'emploi de vapeur jusqu'à ce que les résidus dans l'alambic offrent à l'état froid la consistance de goudron épais. Si on désire recueillir ce goudron comme produit de fabrication, ce qui arrive souvent, on discontinue la distillation à ce point ; mais on peut la porter plus loin en passant de la vapeur dans le col de cygne, laquelle vapeur, engendrant un courant vers le condenseur, entraîne avec elle toute l'huile contenue encore dans le goudron, il ne restera alors au fond de l'alambic qu'un coke compacte. La vapeur a aussi pour effet de réduire graduellement la température de l'alambic, et par conséquent de diminuer les dangers de fracture. Aussitôt qu'on lance la vapeur, le feu doit être retiré. On a fait emploi aussi de la vapeur ordinaire à une pression modérée introduite en dessus et en dessous de la charge pendant toute la distillation. Lorsque cette vapeur est injectée dans la charge, elle ne tarde pas à être surchauffée lorsque les huiles légères ont passé. La vapeur préalablement surchauffée a également été employée en l'introduisant dans la charge pendant la distillation, et pour la distillation des huiles lourdes, ce procédé a été adopté avec un avantage marqué, il est incontestable que l'emploi de la vapeur, sous n'importe quelle forme, offre des avantages réels. Lorsqu'on fait usage de la vapeur surchauffée, l'appareil condenseur doit offrir une surface refroidissante beaucoup plus considérable.

Dans quelques usines, on a l'habitude de chauffer la charge avant de l'introduire dans l'alambic; on peut lui transmettre le degré de chaleur voulu à l'aide de la chaleur perdue provenant du foyer de l'alambic. On peut également alimenter l'alambic d'un courant

continu d'huile, de sorte que la distillation peut
marcher sans interruption jusqu'au moment où il devient nécessaire de nettoyer l'alambic.

Le volume d'huile introduit par minute doit égaler
celui sortant par l'orifice du condenseur. Le tuyau
d'alimentation doit plonger dans les huiles contenues
dans l'alambic. De cette manière, un alambic pourra
au moins doubler sa production dans un temps donné
comparé à la marche ordinaire.

Le produit de la distillation est séparé en deux portions qui exigent un traitement différent. (Pour les
distinguer, je nommerai ces deux portions A et B.)
La première portion A renferme les produits dont la
pesanteur spécifique ne dépasse pas 828 a 830, tandis
que la seconde B renferme les hydrocarbures lourds.

La quantité de résidu en coke restant dans l'alambic varie considérablement, s'élevant jusqu'à 10 ou
même 15 p. 0/0 de la charge ; mais lorsqu'on
opère avec soin, la proportion ne devrait pas dépas-
ser 5 p. 0/0, et dans certaines usines elle se trouve
réduite même à 3 p. 0/0.

Le premier produit de la distillation A est placé
dans une cuve où il est agité pendant une ou deux
heures avec 10 p. 0/0 d'acide sulfurique, cette quantité devant naturellement varier suivant la qualité de
l'huile ; si la proportion d'acide est trop grande, elle
a pour effet de carboniser et de décolorer l'huile ; si,
au contraire, elle est trop faible, les impuretés de
l'huile ne sont qu'imparfaitement attaquées, et cette
dernière est sujette à changer de couleur.

Après que le mélange d'huile et d'acide a été suffisamment agité, on le laisse déposer pendant six ou
huit heures ; l'acide et les impuretés se précipitent
au fond et sont soutirés de la cuve ; on agite l'huile

qui reste avec de l'eau pour en enlever les impuretés
solubles et toute trace d'acide qu'elle pourrait encore
contenir.

On laisse déposer de nouveau, et on soutire l'eau
lorsqu'elle s'est séparée de l'huile. On agite encore
une fois l'huile pendant deux heures, avec une solution de soude caustique pesant 1,40, afin d'enlever
les dernières traces d'acide et les impuretés échap-
pées aux opérations précédentes.

La densité, tant de l'acide que de la soude, doit dé-
pendre de la qualité de l'huile sur laquelle on opère.

On laisse ensuite déposer l'huile pendant six heu-

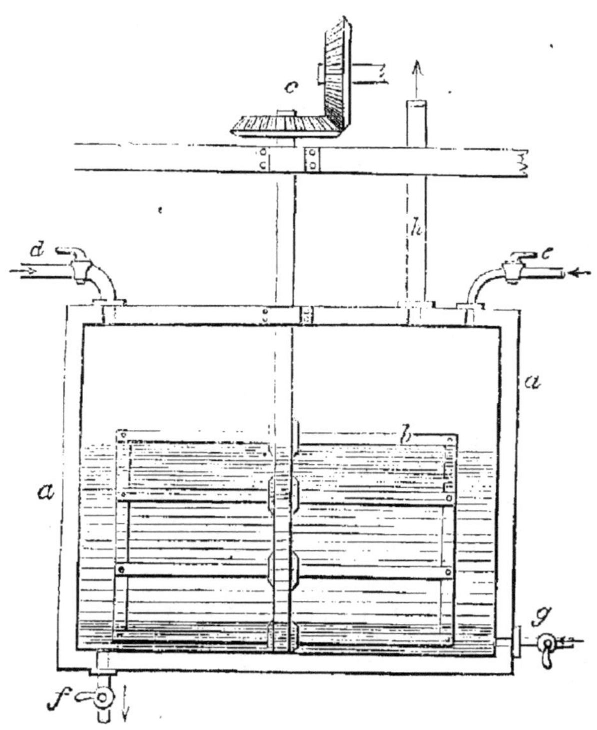

Fig. 6.

res, on décante l'alcali, et on lave une dernière fois l'huile dans de l'eau.

Pendant toutes les opérations susdécrites, la température de l'huile doit être maintenue à 32° centigrades comme minimum, et on transmet ordinairement ce degré de chaleur à l'aide de serpentins de vapeur couchés au fond des cuves.

L'appareil agitateur ou batteur usuellement employé pour le battage à l'acide, à l'alcali, etc., est représenté en coupe à la fig. 6. Cet appareil, connu dans l'industrie sous le nom de laveur vertical, est très répandu dans les raffineries.

La *fig.* 7 est une élévation latérale en coupe, et la *fig.* 8 une élévation horizontale en coupe d'un agitateur horizontal, préféré par bon nombre de fabricants ; la description suivante se rapporte à ces deux espèces d'appareils :

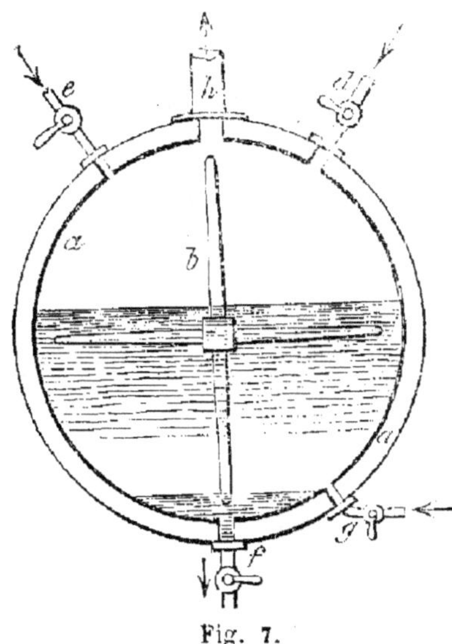

Fig. 7.

a est une cuve qu'on établit habituellement en bois et doublée en plomb, mais qui est également quelquefois construite en tôle ; *b* est un agitateur représenté dans les dessins sous la forme la moins compliquée ; cet organe toutefois est construit d'une manière différente dans presque chaque usine, il est mis en rotation par une transmission *c*, *d* est le tuyau d'alimentation de l'huile, et *e* un tuyau pour l'alimentation de l'eau; *f* le robinet de décharge de l'huile etc., après le battage, *g* un robinet d'introduction de vapeur en communication avec un serpentin couché dans l'agitateur (et qui n'est pas indiqué dans les dessins), et *h* est le tuyau d'échappement des gaz émis pendant le travail.

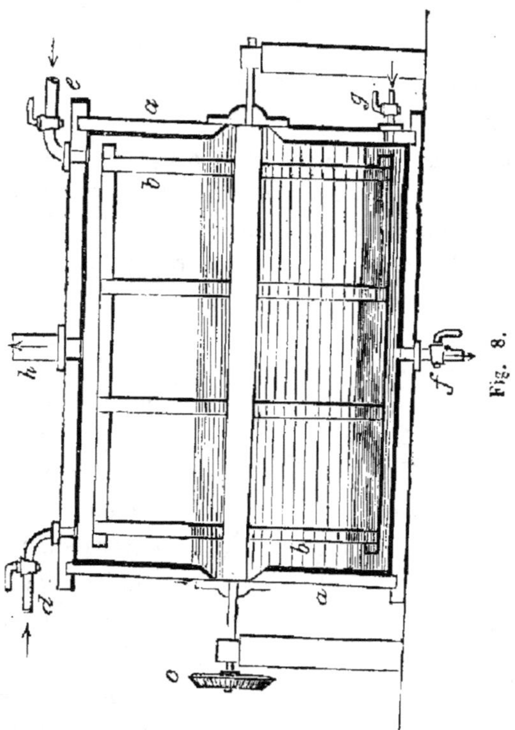

LAVEUSE DE M. GOULDIE.

Une disposition très ingénieuse pour laver l'huile a été inventée par M. Gouldie, de l'usine Albiona Birkenhead. Elle consiste dans une cuve (*fig.* 9) partagée

en deux compartiments à l'aide d'une cloison *e* disposée dans le cen-
tre, mais ne descen-
dant pas jusqu'au
fond de la cuve. On
y verse en premier
lieu l'acide sulfuri-
que jusqu'à ce que
le niveau atteigne à
peu près la ligne
pointillée *a*. On ver-
se ensuite l'huile
dans le comparti-
ment *b*, et sitôt que

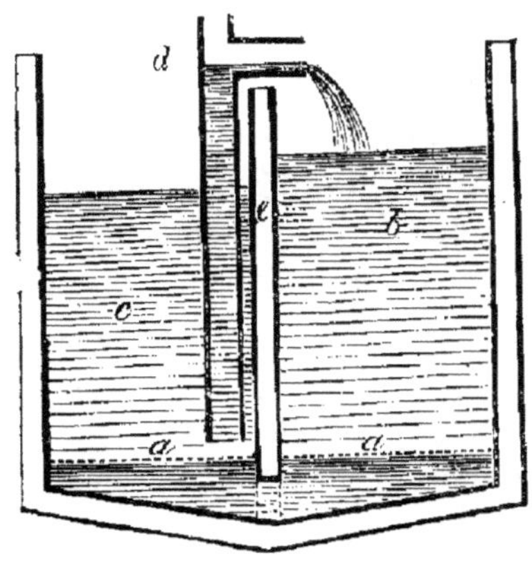

Fig. 9.

la charge d'huile est suffisante, elle traverse la couche d'acide et remonte de l'autre côté de la cloison
dans le compartiment *c*, d'où elle est rejetée dans le
premier compartiment à l'aide de la pompe *d*. On
continue cette opération jusqu'à ce que toutes les
molécules de l'huile aient été amenées en contact
avec l'acide.

TAMBOUR ROTATIF DU CAPITAINE DOWNER.

Nous mentionnerons en dernier lieu le tambour rotatif, breveté, du capitaine Downer, importation toute
récente des Etats-Unis, où il a reçu d'importantes
applications, qui semblent justifiées par l'efficacité
et la simplicité de son fonctionnement; en effet, cet
appareil ingénieux paraît résoudre complétement le pro-
blème du battage, par le mélange intime de l'acide avec
l'huile et l'agitation constante de ces matières. Les
fig. 10 et 11 servent à illustrer cet appareil; la *fig.* 10
en est une élévation coupée transversalement, et la
fig. 11 une élévation de face, *a* est le tambour rota-

tif qui est monté par des tourillons *b b* sur les bâtis
fixes *c c*, et qui reçoit son mouvement de rotation
d'une courroie passée sur la poulie *d*; à l'intérieur, il
est armé de trois ailettes inclinées *e e e*, régnant sur
toute la largeur de l'appareil, et extérieurement il
porte un robinet de chargement et de déchargement *f*,
un second robinet *g* pour l'admission de l'air et l'é-
chappement des gaz, et un trou d'homme pour l'ins-
pection et le nettoyage; les tourillons *b b* sont creux
et munis de boîtes à étoupes pour le passage d'un
tuyau de vapeur destiné à chauffer les huiles. On voit
qu'à chaque révolution du tambour, chacune des
ailettes ramasse successivement l'acide logé au fond,
en répartit une certaine quantité dans l'huile pendant
son élévation et verse le restant sur sa surface; tandis
que l'ailette vide pendant sa descente, entraîne dans
l'huile un volume correspondant d'air qui, en s'échap-
pant au fond, maintient l'agitation constante de l'huile
et de l'acide. Ainsi, à chaque révolution, tout l'acide
est enlevé trois fois du fond du tambour, et versé sur
la surface de l'huile. Le passage successif de l'acide
et de l'huile sur les larges surfaces de cet appareil,

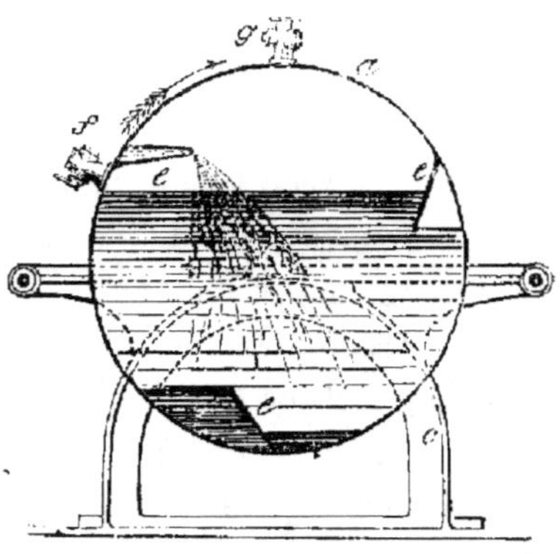

Fig. 10.

contribue égale-
ment à l'effet ob-
tenu. Pour décan-
ter, on tourne
lentement le tam-
bour jusqu'à ce
que le robinet *f* soit
amené au niveau
de l'huile; on ouvre
ce robinet ainsi
que le robinet *g*,
et on fait tourner

le tambour dans le sens inverse de la flèche, en
ayant soin de graduer sa rotation à l'écoulement de
l'huile.

Fig. 11.

Quelques fabricants préfèrent ne pas agiter l'huile
avec une solution de soude dans les laveuses, et se
contentent de la placer avec la solution de soude dans
une cuve où ils la remuent à la main avec un rateau
ou une planchette. Nous sommes d'avis que cette manière d'agir offre de grands avantages sur l'agitation
mécanique ; il n'arrive que trop souvent dans cette
dernière opération que la solution alcaline est mê-
lée si intimement avec l'huile, qu'elle la convertit
en une substance savonneuse ressemblant en quelque
sorte à une gelée détruisant complétement la matière.
En agitant ou remuant pendant peu de temps à la
main, cette action destructive ne peut avoir lieu, et
cependant l'opération est suffisante pour enlever toutes
traces d'acide ou autres impuretés.

Après avoir subi les lavages à l'acide, à l'alcali, etc.,
susdécrits, l'huile est en dernier lieu lavée à grandes
eaux, et ensuite chargée dans un alambic pour être
rectifiée. On la distille avec soin, évitant autant que

possible toute fluctuation de température. Les premiers produits de cette distillation sont souvent colorés, et ils doivent être repassés dans l'alambic.

L'huile ou l'essence qui se présente en premier lieu, et dont la pesanteur spécifique ne dépasse pas ·735, est mise à part et constitue ce qu'on est convenu d'appeler *essence de pétrole, substitut de térébenthine*, etc. (1). Quelques rares fabricants mélangent ce produit avec les huiles d'éclairage, et cette pratique ne saurait trop être critiquée, comme on le verra plus bas.

Le produit suivant de la première partie de la distillation, dont la gravité spécifique ne dépasse pas ·819 à ·820, constitue l'huile d'éclairage, et le restant de la charge, ou les huiles lourdes, est converti en huile à graisser ou bien repassé à la charge suivante.

La seconde portion de la distillation, celle que nous distinguons sous la lettre B, est traitée de la même manière que la première portion, excepté que la force et la quantité, tant de l'acide que de l'alcali, doivent être plus considérables.

Pendant cette partie de la rectification, toute l'huile dont la gravité spécifique ne dépasse pas ·819 à ·820 est ajoutée à l'huile d'éclairage, tandis que le restant fait partie des huiles à graisser.

L'huile à lubrifier est ensuite soumise à un autre traitement, que nous mentionnons plus loin, cette opération ayant pour effet de séparer la paraffine contenue dans l'huile.

Le procédé de raffinage qui vient d'être décrit est celui le plus universellement adopté; dans différentes usines, cependant, on y apporte quelques modifica-

(1) Lorsqu'il s'agit de préparer du « kerosolene » ce procédé doit être en partie modifié. Voir page 95.

tions. Par exemple, dans certains cas, et spécialement lorsqu'il s'agit d'huiles brutes des meilleures qualités, on se contente de ne leur faire subir qu'une seule distillation, en ayant soin de recueillir séparément chaque produit de cette opération. On se dispense également assez souvent, avec ces qualités d'huiles, de les soumettre au battage à l'acide.

Quelques fabricants ont aussi l'habitude de séparer en premier lieu l'essence ou la partie légère de l'huile en opérant la distillation avec de la vapeur, cette opération étant effectuée dans un alambic séparé, disposé spécialement à cet effet. Le restant de la charge est ensuite traité de la manière susdécrite. Ce mode de séparation de l'essence offre des avantages marqués.

La pesanteur spécifique des produits obtenus par différents fabricants varie considérablement suivant les circonstances. Par exemple, tel fabricant ne dépassera pas le chiffre de ·800 pour son huile d'éclairage, tandis que d'autres iront jusqu'à ·810, ·820, et même plus haut. Certains raffineurs préfèrent également se passer de l'acide sulfurique dans le procédé de raffinage, et se servent exclusivement d'alcalis suivis de lavages pratiqués avec soin.

La vapeur est également employée à divers degrés de température.

PROCÉDÉS ET APPAREILS DE MM. PRENTISS.

Plusieurs patentes ont été obtenues pour des appareils et divers perfectionnements apportés dans le raffinage du pétrole. Une des plus importantes de ces patentes a été prise pour certains appareils inventés par MM. E.-F. Prentiss et Cᵉ, de Birkenhead.

Cette invention consiste en un alambic à distillation continue

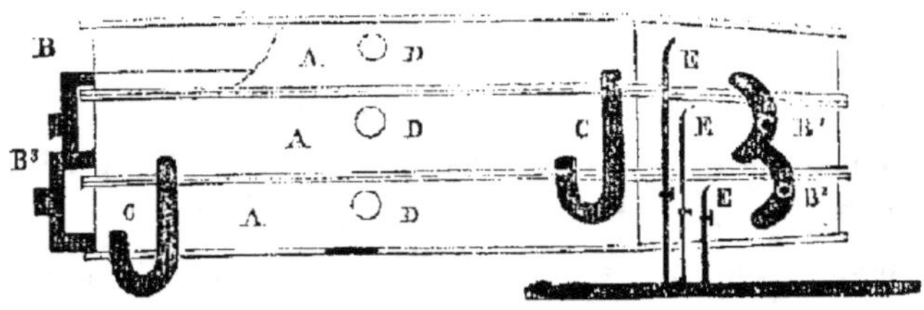

Fig. 12.

représenté à la fig. 12, où A A A sont trois alambics superposés, partagés chacun en une chambre à vapeur et une autre pour l'huile à distiller ; la division de ces deux chambres est visible dans l'alambic supérieur.

B B¹ B² B³ représentent la position des robinets de prise de vapeur, ainsi que des tuyaux à l'aide desquels la vapeur est introduite dans les alambics.

C C sont des siphons servant de conduite à l'huile déchargée de l'alambic supérieur à l'alambic inférieur.

D D D sont les tuyaux de fuite des vapeurs.

E E E sont les tuyaux d'écoulement de l'eau condensée dans les chambres à vapeur.

Les trois alambics susindiqués sont maintenus à des températures différentes ; la température du premier est suffisamment élevée pour évaporer l'essence ; celle du second est élevée au point de pouvoir distiller l'huile d'éclairage, tandis que celle du troisième doit être poussée à la chaleur voulue pour séparer par la distillation les parties les plus lourdes de l'huile.

Dans l'alambic supérieur, l'huile qui n'a pas été convertie en vapeur par l'action de la chaleur qui y règne passe, à l'aide du siphon C, dans l'alambic suivant, et là, en raison de la température plus élevée qu'elle y rencontre, elle se convertit en vapeur qui se dirige vers un condenseur séparé ; cette opération effectuée, il reste dans ce second alambic une certaine quantité d'huile qui exige, pour sa distillation, une plus haute température ; pour cette raison, elle est conduite par le siphon C^1 dans l'alambic inférieur, où elle est soumise à une dernière distillation. Afin que la vaporisation dans les appareils se fasse aussi rapidement que possible, la couche d'huile ne doit avoir que très peu d'épaisseur (1).

Conjointement avec ce nouvel alambic, MM. Prentiss et Ce ont aussi fait breveter un appareil à condenser disposé de manière à fractionner les différents produits de la distillation ; cet appareil est indiqué au plan à la *fig.* 13 et en élévation à la *fig.* 14. A est l'arrivée des vapeurs provenant de l'alambic, et les flèches servent à indiquer la direction de ces vapeurs jusqu'à leur sortie en B, d'où elles se dirigent à la colonne suivante. Le fond de la colonne est séparé par une cloison en fonte C, réunie par un joint her-

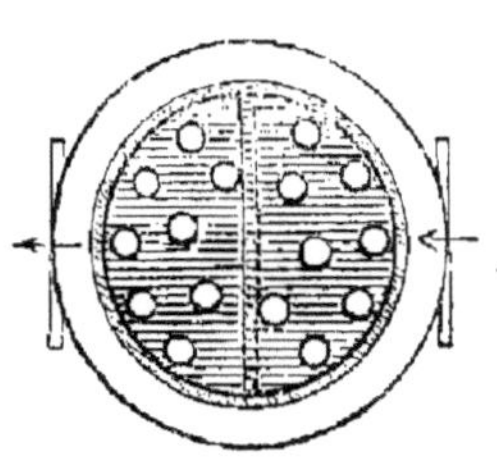

Fig. 13.

métique à la plaque D, qui sert de support aux tubes ; la position de ces derniers est indiquée au plan.

E est une caisse en cuivre alimentée de vapeur pour chauffer le contenu de la colonne.

F est un vase en cuivre chargé d'air dont l'action consiste à régler la chaleur de la colonne.

(1) Depuis que cet alambic a été mis en marche, on a trouvé nécessaire de faire quelques légères modifications dans sa construction et on a dû remplacer, dit-on, la vapeur par l'air chaud.

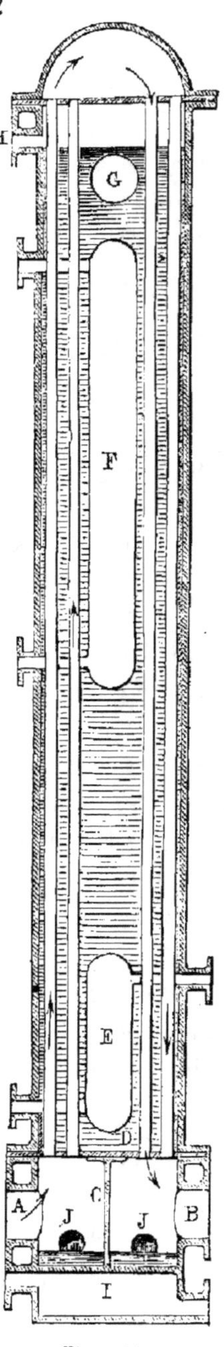

Fig. 14.

G représente une disposition pour l'admission d'un liquide froid, chargé de refroidir au besoin le contenu de la colonne.

H est un tuyau de trop plein.

I est une chambre à vapeur pour entretenir la chaleur en cet endroit de la colonne.

J J sont les orifices de sortie des liquides condensés.

Trois ou quatre de ces colonnes sont réunies entre elles et maintenues à des degrés de température différents, la chaleur étant réglée de manière à ce que chaque produit puisse être condensé et recueilli séparément dans chaque colonne individuelle disposée à cet effet. Cette disposition sera peut-être plus clairement comprise en énonçant que la colonne la plus rapprochée de l'alambic est maintenue à une température suffisamment élevée pour ne pas admettre la condensation de l'huile d'éclairage ou de l'essence, tout en effectuant celle de l'huile lourde. L'huile d'éclairage et l'essence (sous forme de vapeur) passent ensuite à la se-

conde colonne où la condensation de cette première
a lieu, tandis que l'essence, passant outre, arrive à la
troisième colonne, où elle est enfin condensée.

Les avantages que ce genre de distillation possède
sur les procédés ordinaires consistent dans le recueil-
lement séparé de chaque produit de la distillation ; la
conversion de l'huile en vapeur s'opère également
beaucoup plus rapidement dans cet alambic que dans
les alambics ordinaires, en raison de ce qu'elle se présente à l'action de la chaleur sous forme de couches
de faible profondeur.

Un autre genre d'alambic, *fig.* 15, a été patenté par
la même maison sous la dénomination d'alambic
sphérique ; cet appareil est représenté en coupe. A est
un globe ayant 2 mètres 10 centimètres de diamètre

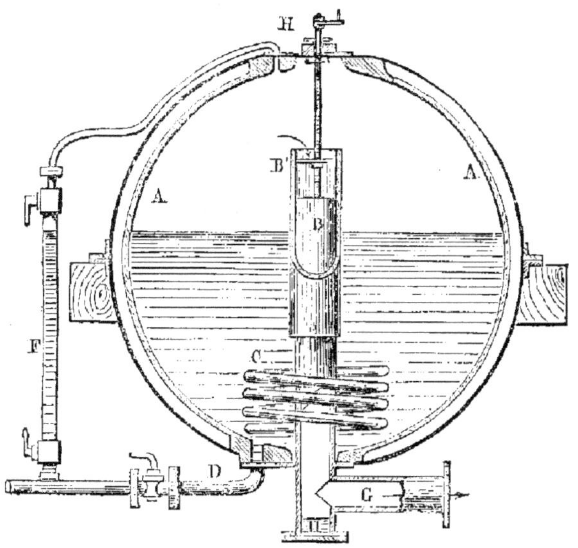

Fig. 15.

construit en fonte ayant 25 millimètres d'épaisseur ;
cette pièce est entourée d'une enveloppe ou coquille

étanche en tôle d'une épaisseur de 10 millimètres
écartée de 75 millimètres de l'alambic. B est un tube
s'élevant au centre de l'alambic, à une hauteur équivalente à deux tiers de son diamètre, ce tube étant
réuni par un joint rodé à l'alambic ; l'extérieur de ce
tube est tourné avec précision, de manière à admettre
qu'un second tube B¹ puisse s'emmancher et coulisser
sur ce premier tube comme les tubes d'un télescope,
la manœuvre de ce tube B¹ ayant lieu au moyen d'une
vis H représentée dans le couvercle du trou d'homme.
Cette disposition a été imaginée pour empêcher que
le liquide, pendant l'ébullition, ne se déverse par l'o-
rifice de B et par l'élévation ou la dépression de ce
second tube B¹, la vapeur peut être enlevée aussi près
de la surface du liquide qu'on puisse le désirer. Une
autre ouverture dans l'alambic, et qui n'a pas été indiquée au dessin, sert à admettre de la vapeur dans le
serpentin C lorsqu'on désire en faire usage. Le tuyau
D est employé pour charger ainsi que pour décharger l'alambic, et dans ce tuyau est monté un
niveau en verre F pour indiquer la quantité d'huile
existant dans l'alambic. G est une continuation de
B et sert de conduite des vapeurs aux condenseurs.
Au fond du tuyau B est réservée une petite chambre
II munie d'un tuyau de dégagement qui n'est pas
indiqué au plan et servant à recevoir telle portion
d'huile brute qui pourrait, pendant la distillation, se
déverser dans le tube central.

PROCÉDÉ DE M. PRICE ET Cᵉ.

Plusieurs autres dispositions d'appareil ont été brevetées depuis quelque temps, et nous regrettons de ne pouvoir les mentionner dans cet ouvrage. Avant cependant
de terminer cet article, nous dirons sommairement que

le pétrole de Rangoon est traité en grand dans *Price's Patent Candle works*. Le procédé adopté par ces messieurs est celui qui a été patenté par M. Warren de la Rue et consiste dans l'extraction, en premier lieu, d'une huile légère dite Sherwoodle, laquelle huile diffère chimiquement de la benzine, dont au reste elle a les mêmes qualités, en second lieu d'une huile d'éclairage dite Belmontine, et en troisième lieu d'huiles lourdes ou à graisser.

CHAPITRE VII.

DES DÉRIVÉS DU PÉTROLE.

Kerosolène. — Essence. — Huile d'éclairage. — Huiles d'éclairage dangereuses. —Appareil Casartelli.— Puissance éclairante des huiles à brûler. — Huiles à lubrifier.— Graisses.— Coke. — Cire.

Il a déjà été mentionné qu'on obtenait du pétrole brut cinq ou six différents produits ; nous passerons actuellement à la description desdits produits.

KEROSOLÈNE.

Le kerosolène est un liquide volatile excessivement léger, il constitue le premier produit de la distillation du pétrole. Sa pesanteur spécifique est à peu près .650, et il dégage une odeur éthérée assez agréable. Ce produit a été dérivé en premier lieu de l'huile de kérosolène, provenant de la distillation de la houille, et comme il a été reconnu qu'il est doué de propriétés anesthésiques, il a été question de le substituer au chloroforme.

ESSENCE DE PÉTROLE.

L'essence de pétrole, connue aussi sous le nom de «substitut pour la térébenthine» et «benzine,» est un liquide incolore et très volatile, qui se reconnaît généralement par une odeur éthérée assez agréable. La pesanteur spécifique de cet article, tel qu'on le trouve sur le marché, varie de .700 à .740. Comme ce produit est excessivement volatile et qu'il émet des vapeurs inflammables à des températures ordinaires, pour éviter tout accident, on ne saurait trop recommander de ne pas en approcher une lumière pendant le magasinage ou toute manipulation.

Cet article s'emploie principalement pour remplacer la térébenthine dans la préparation des couleurs, et les résultats obtenus par cet emploi sont très satisfaisants. Lorsqu'il a été préparé par des traitements convenables, ce produit est, sous plusieurs rapports, supérieur à la térébenthine: la peinture qui en est composée coule plus librement du pinceau, sèche plus vite et ne répand pas une odeur aussi désagréable que celle préparée à la térébenthine. On a aussi fait la remarque que certaines espèces d'essences, à mesure qu'elles s'évaporent, communiquent à la peinture une surface brillante et lisse, bien différente de l'aspect mat de la couleur préparée à la térébenthine, et il paraît également que, lorsque les couches sont complétement sèches elles se trouvent recouvertes d'un vernis bitumineux qui sera probablement utile pour protéger la peinture.

On a objecté contre l'emploi de l'huile préparée à l'essence de pétrole, qu'il communique aux couleurs claires une nuance légèrement brune, mais ce défaut doit être attribué à la présence du soufre qui, se combinant avec le plomb dans la couleur, se convertit dans un sulfite de plomb foncé, et il est facile d'y remédier en éliminant le soufre pendant les opérations du raffinage.

Un second reproche qu'on a fait à l'essence de pétrole consiste en ce qu'elle se sèche trop rapidement, la peinture étant sujette à se sécher en quelque sorte avant qu'elle n'ait quitté le pinceau; cette objection provient de la fabrication même de l'essence; pendant la distillation, l'essence étant trop légère, on aurait dû laisser couler de l'alambic des produits plus lourds.

Quelques raffineurs, d'un autre côté, commettent l'erreur d'extraire une trop grande quantité d'essence, recueillant avec ce produit certaines portions de la distillation qui devraient faire partie de l'huile d'éclairag; cil en résulte que l'essence est rendue huileuse et ne sèche pas suffisamment pour être employée à la peinture.

De l'essence bien rectifiée ne devrait laisser aucune marque permanente sur du papier qui en a été humecté.

Des expériences que j'ai faites et de l'examen des pesanteurs spécifiques de nombreux échantillons d'essence de pétrole, reconnus par des peintres expérimentés comme présentant les qualités voulues pour une bonne peinture, je suis arrivé à la conclusion que les essences les plus avantageuses pour la préparation des peintures doivent accuser une gravité spécifique de 725 à 735.

Cette essence s'emploie également pour la dissolution du caoutchouc, etc., destinée aux matières imperméables, etc., et elle paraît être admirablement adaptée à cette industrie. Elle peut aussi remplacer le benzole pour dégraisser les tissus, etc.

Il est incontestable que ce produit du pétrole sera appelé à rendre des services considérables dans différentes industries, et que son usage prendra de grands développements. Cependant, on ne saurait trop recommander aux distillateurs la nécessité urgente de produire un titre d'essence ayant plus d'uniformité que celles actuellement répandues dans le commerce, car la variation qui existe dans les pesanteurs spécifiques de ces dernières s'oppose matériellement à leur emploi, parce que l'acheteur n'est jamais assuré de retrouver sur la place des essences de même qualité que celles dont il fait usage.

HUILES D'ÉCLAIRAGE.

Le produit du pétrole qui se présente ensuite est l'huile à brûler, servant à l'éclairage en général. Cette huile se vend sous les noms d'huile photogène, kérosine, huile minérale, huile paraffine américaine, pétrole, etc.

Sa pesanteur spécifique varie de .780 à .825, et elle diffère considérablement en apparence. La plupart du temps elle est soit incolore, soit d'une nuance ambrée et délicate, quoique quelques échantillons accusent une couleur beaucoup plus foncée. Cette huile est actuellement très répandue pour l'éclairage, elle émet une lumière très belle et brillante.

On a reproché à l'emploi de cette huile le danger
de son explosion, attribuable à l'émission de vapeurs
inflammables aux températures ordinaires, et pour
cette raison, elle a été condamnée par bien des personnes. C'est cependant une supposition tout à fait
erronée que d'attribuer des propriétés explosives à
des huiles de pétrole convenablement traitées pour
l'éclairage. *Elles ne sont pas dangereuses et on peut
les employer en pleine sécurité.*

HUILES DANGEREUSES.

Malheureusement, quelques personnes vendent
pour du pétrole à éclairer certaines huiles qui ne
sont pas exemptes de danger. Le danger que ces
huiles offrent provient d'un manque de soin dans
le raffinage, en ce sens qu'on n'aura pas exercé la
précaution voulue pour séparer les produits légers
des huiles à brûler. Les fabricants qui livrent de tels
produits au commerce sont coupables d'une négligence inconcevable, car il n'existe aucune difficulté à
fabriquer avec du pétrole des huiles d'éclairage
exemptes de toute espèce de danger. Toute huile
émettant une vapeur inflammable au-dessous de
38° centigrades devrait être condamnée comme huile
à brûler, et de fait, la plupart des huiles de bonne
qualité ne sont susceptibles d'émettre aucune vapeur
inflammable au-dessous de 55° centigrades.

Une seconde source de danger des huiles de pétrole à brûler provient de l'addition faite à ces huiles
par certains fabricants d'essence de pétrole. Un
exemple de cette espèce de falsification a été présenté
à ma connaissance tout dernièrement. Une huile à
brûler accusant un degré de pesanteur spécifique trop
considérable, ne brûlait pas bien dans une lampe,

comme elle était trop lourde pour monter convenablement dans la mèche; afin d'en réduire la pesanteur spécifique et la faire brûler, la personne possédant cette huile y mélangea une certaine quantité d'essence, formant ainsi de ces ingrédients une huile à brûler excessivement dangereuse. Un procédé pareil ne pouvait qu'être le résultat de l'ignorance, et on n'en fait mention ici que pour empêcher toute autre personne de mettre en pratique de telles expériences.

En août 1862, j'ai examiné plusieurs échantillons d'huile à brûler, dérivée du pétrole, achetés dans différents magasins de Liverpool et de Birkenhead, et, sur douze échantillons, six seulement devaient être regardés comme n'offrant aucun danger et sur les six autres, un était véritablement très dangereux (1).

Le mois de janvier suivant, j'ai examiné divers autres échantillons procurés dans les mêmes magasins, et, sur quinze, deux seulement ont émis des vapeurs inflammables au-dessous d'une température de 38° centigrades, l'un à 30° et l'autre à 35° et même ces deux huiles pourraient la plupart du temps être employées sans grand danger. Pendant le mois de juillet actuel (1863), je me suis procuré neuf autres échantillons, et aucune de ces huiles n'a émis de vapeur inflammable au-dessous de 45°; pour cette raison, je suis porté à croire que la vente des huiles de pétrole dangereuses diminue, ce qu'il faut probablement attribuer aux traitements mieux entendus qu'on leur fait subir.

Il est important qu'on puisse reconnaître facilement jusqu'à quel point certaines huiles doivent être con-

(1) Voir *Pharmaceutical Journal*, novembre 1862

sidérées comme dangereuses. Comme épreuve, on a proposé la pesanteur spécifique, mais on ne peut pas compter sur ce moyen. On peut avancer hardiment que toute huile qui prend feu au contact d'une allumette, doit être rejetée comme dangereuse.

APPAREIL CASARTELLI.

Parmi les différentes méthodes proposées pour éprouver les huiles à brûler, nous mentionnerons celle qu'on met en usage à l'aide d'un appareil très ingénieux inventé par M. Anthony Casartelli, de South-Carter Street, Liverpool ; cet appareil qui est excessivement simple et suffisamment exact pour tous les usages ordinaires, est représenté à la *fig.* 16.

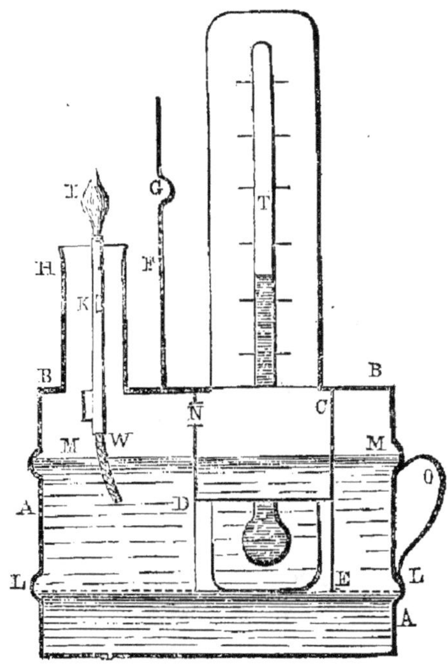

Fig. 4

A est le réservoir destiné à recevoir huile à éprouver, surmonté d'un couvercle hermétique B. T est un
thermomètre passant dans ce couvercle C D est un
tube rectangulaire servant de soutien au thermomètre et dont l'extrémité inférieure plonge dans
l'huile M M. N est un petit trou pratiqué dans le
tube C D en dessous du niveau de l'huile. D E est
une cloison ouverte, sur laquelle le thermomètre
porte. K un petit tube dans lequel est passée une
mèche. H est un tube ouvert à ses deux extrémités
et entourant le tube de la mèche. F est un écran
servant à protéger le thermomètre de l'action de la
flamme I. O est la poignée de l'instrument.

On se sert de cet instrument de la manière suivante : on enlève le couvercle et on remplit le réservoir d'eau jusqu'au niveau L ; on y verse ensuite
l'huile à éprouver jusqu'à ce qu'elle atteigne le niveau M ; on insère un cordon en coton dans le petit
tube K, pour servir de mèche, et on verse quelques
gouttes d'huile sur son extrémité ; on replace ensuite le couvercle, ayant soin de s'assurer qu'il porte
à fond. On place le thermomètre dans l'ouverture CC,
en le faisant porter sur la planche E. On allume alors
la petite mèche et on l'ajuste de manière à ce que la
flamme arrive juste en face de la dépression G sur
l'écran F ; cela fait, on place l'appareil sur un pié-
destal au-dessus d'une lampe brûlant de l'essence
ou de l'huile. Sitôt que la température de l'huile à
éprouver s'élève au point d'émettre des vapeurs inflammables, ces vapeurs se mélangeant avec l'air
dans l'appareil, viennent en contact avec la flamme I,
prennent feu et produisent ainsi une faible explosion
qui éteint la flamme. En prenant note de la température indiquée par le thermomètre lorsque cet effet a

lieu, on reconnaît le degré auquel l'huile devient explosive.

Un autre procédé plus simple et très exact lorsqu'il
est effectué avec soin, consiste à placer une petite
quantité d'huile dans une soucoupe, à y plonger la
bulbe d'un thermomètre et l'exposer à la chaleur
d'une lampe; on tient alors une allumette enflammée
suspendue sur la surface de l'huile et on note la température à laquelle cette dernière prend feu. Pendant
cette épreuve, on doit avoir soin de tenir l'huile en
mouvement, afin qu'elle ait partout la même température.

La pesanteur spécifique d'une bonne huile à brûler ne devrait pas s'élever au-dessus de .819 à .820,
car si elle dépasse ce chiffre, l'huile monte difficilement dans la mèche, et conséquemment, brûle dans
de mauvaises conditions. Les meilleurs échantillons
que j'ai examinés pesaient de .790 à .810.

PUISSANCE ÉCLAIRANTE.

La table suivante, extraite du cours sur la lumière
artificielle du docteur Franckland, et publiée dans le
Chemical News, le 21 février 1863, donne la puissance éclairante du pétrole comparée à la lumière
émise par d'autres substances. Cette table est disposée de manière à représenter la quantité donnée
d'autres substances nécessaire pour émettre la même
somme de lumière que l'on obtient avec un litre de
l'huile paraffinée de Young :

Huile paraffinée de Young...... 1.00 litre
Huile de pétrole américain, n 1.   1.26
—   —   —   1 2.   1.30

Bougies paraffinées.............. 1.86 kilo
   —   spermaceti.............. 2.29
   —   cire.................... 2.64
   —   stéarine 2.76
   —   composition........... 2.95
Chandelles, suif................ 3.90

La table suivante donne le prix de revient comparatif de la lumière obtenue de différentes matières éclairantes, comparé à vingt bougies de blanc de baleine, brûlant chacune pendant 10 heures et consommant, par heure, 7 grammes 76.

Cire .... 9 fr. » c.
Spermaceti........................ 8   30
Suif.............................. 3   30
Huile de spermaceti.............. 2   25
Gaz de houille................... »   45
Gaz de Boghead................... »   30
Bougies paraffinées.............. 4   75
Huile paraffinée................. »   60
Huile de pétrole................. »   75

Dans la table ci-dessus, on a négligé de mentionner la nature du pétrole qu'on a essayé, ou même d'indiquer s'il était à l'état brut ou bien raffiné (1); nous devons cependant présumer qu'il était raffiné.

La table suivante est le résultat d'expériences récemment faites par moi, elle sert à indiquer la somme

(1) L'éditeur du *Ironmonger* mentionne que d'après les renseignements qu'il a obtenus les huiles employées étaient de mauvaise qualité, ce qui a été confirmé par le fait de leur inflammation à de très basses températures.

relative de lumière obtenue d'une quantité égale de
diverses matières :

MATIÈRE EMPLOYÉE.	Lumière obtenue d'une quantité égale de matière.
pes. sp.	
Pétrole, huile à brûler.... 800	2.25
Id.　　　id.　　　.... 812	2.15
Id.　　　Id.　　　.... 790	2.50
Huile paraffine...............	2.60
Bougies paraffines............	1.60
Chandelles en suif...........	0.60
Id.　　　en composition	0.80
Id.　　　en spermaceti.....	1.00

La table ci-dessous est extraite du *Circle of Sciences*,
vol. I, page 121

NATURE DE L'HUILE.	PRIX de l'hecto-litre.	Intensité de lumière pur le photomètre.	Somme de lumière obtenue de quantités égales.	Prix d'une quantité égale de lumière en décimales.
	fr.　c.			
Pétrole	55　06	13.7	2.60	2.00
Spermaceti...	207　05	2.0	95	20.00
Camphine....	137　66	5.0	1.30	10.00
Colza.	110　13	2.1	1.50	6.50
Lard	110　13	1.5	70	14.50
Baleine	74　90	2.4	85	8.25

Il se vend actuellement pour brûler l'huile de pétrole une variété presque infinie de lampes, dont les
prix sont en général très modérés, les plus communes

ne s'élevant qu'à 1 fr. 25 c. De fait, les huiles ainsi que les lampes, en raison de leur bon marché, sont accessibles à toutes les bourses.

HUILES A GRAISSER.

On obtient du pétrole différentes espèces d'huiles à graisser, mais sauf quelques échantillons d'huile brute des plus lourdes et des plus visqueuses que l'on emploie quelquefois pour lubréfier la grosse mécanique, elles sont toutes dérivées de la distillation du pétrole, dont elles représentent les portions les plus lourdes, après qu'on en a séparé l'essence et l'huile à brûler. La première qualité d'huile à graisser est celle qui s'écoule du condenseur immédiatement après le passage des huiles d'éclairage et avant que la partie goudronneuse ne se volatise dans l'alambic, et cette portion de la distillation est souvent fractionnée en deux produits : — la première appelée huile à graisser légère, et la seconde huile à graisser lourde.

On fabrique également une troisième qualité d'huile à graisser, en comprenant le résidu complet de l'alambic, après la séparation de l'huile à brûler.

La pesanteur spécifique de ces huiles varie entre 830 et 900. Presque toutes contiennent de la paraffine qui se sépare de la masse, sous forme de jolies écailles cristallines, lorsque ces huiles sont exposées à une basse température. On opère également industriellement la séparation de ce produit au moyen d'un procédé ci-dessous décrit.

Ces huiles remplacent très avantageusement les différentes huiles animales et végétales employées pour lubréfier, et leur adaption à cet usage s'étend de jour en jour. Certains échantillons dérivés du pétrole qui ont été soumis à mon examen, ont exhibé les propriétés au moins égales à la meilleure huile de blanc de baleine; ces huiles provenaient des magasins de MM. Holt et Banner. Il est reconnu cependant que les huiles à graisser dérivées du pétrole, à moins qu'elles n'accusent une pesanteur spécifique de .880 à .890, ne sont pas adaptées à certaines espèces de machines, telles, par exemple, que différentes portions de machines employées pour la manufacture du coton, qui marchent à grande vitesse, en raison de la chaleur engendrée qui suffirait pour volatiliser lesdites huiles.

GRAISSE.

Cette substance est obtenue en arrêtant le procédé de la distillation avant que toute la matière huileuse ait passé de l'alambic et on se procure ainsi une matière onctueuse et goudronneuse, au lieu du coke que l'on recueille lorsque la distillation est poussée à fond. La graisse ainsi obtenue convient pour lubréfier la grosse mécanique, les roues de charrettes, etc.

On fabrique également un article très demandé en mélangeant cette graisse de pétrole avec de la graisse animale, de l'huile de palme, etc.

COKE.

Lorsque la distillation du pétrole est poussée à fond, il reste dans l'alambic un résidu de coke compact. Quant à présent, cet article n'a aucune valeur sur le marché, mais plusieurs raffineurs l'utilisent comme combustible; ainsi employé, il rend d'assez bons services.

CIRE DE PÉTROLE (PARAFFINE).

Une belle substance, claire, blanche et cireuse,

ayant l'apparence de la spermaceti, est obtenue du
pétrole, et cette substance paraît être identique à la
paraffine trouvée par Reichenbach, en distillant de la
houille. Elle est obtenue en plaçant les portions les
plus lourdes de l'huile dans une cuve, et en les y sou-
mettant à une température voisine de la congélation;
alors la paraffine se cristallise sur les bords de la
cuve sous forme de magnifiques écailles blanches. On
sépare ensuite l'huile en la soutirant et la paraffine
est soumise à une forte pression, afin d'en séparer le
restant de l'huile. On l'épure, en l'agitant à l'état liquide, avec de l'acide sulfurique et en la lavant ensuite dans de l'eau chaude contenant une solution
d'alcalis caustiques. On la presse ensuite une seconde
fois, et en dernier lieu on la fond pour la couler dans
des moules. La paraffine est employée en grande partie pour la fabrication des bougies, lesquelles sont su-
périeures aux bougies de cire ou de spermaceti,
ainsi qu'aux chandelles en suif, non-seulement en
ce qui regarde leur apparence, mais aussi leur puissance éclairante. Quant aux prix, elles sont meilleur
marché que les bougies, soit en cire, soit en spermaceti.

Cette cire, quoiqu'elle soit dénommée paraffine,
n'est probablement pas entièrement de la paraffine
pure; il est présumable qu'elle se compose d'hydrocarbures solides alliés à cette substance (1). La paraffine pure est une substance claire, blanche et
cireuse, sans odeur ou goût; elle se fond à une température de 43° 3 centigrades et se volatilise à haute
température sans se décomposer; elle brûle à l'aide

(1) Des expériences récentes faites sur la paraffine et que j'ai
l'intention de publier, ont établi que la cire de pétrole dite paraffine au lieu d'être un corps ou substance unique se compose d'un
mélange d'au moins trois ou quatre hydrocarbures solides.

d'une forte chaleur exhibant une flamme lumineuse
et fuligineuse. Cette matière est tout à fait insoluble
dans l'eau et légèrement soluble dans l'alcool, elle
est dissoute sans difficulté par l'éther et se mélange à
l'état fondu, suivant toutes proportions voulues, avec
des huiles fixes ou des huiles volatiles. Les agents
chimiques les plus énergiques n'exercent aucune action sur cette substance, et on ne connaît encore aucun autre corps avec lequel il peut se combiner d'une
manière définie, et c'est de cette dernière propriété
qu'on lui a donné son nom dérivé de *parum affinis*.

La cire de pétrole se trouve généralement en assez
grande quantité à l'état brut sur le marché. Elle est
ordinairement de couleur jaune, assez semblable à celle
de la cire d'abeilles, quoique parfois beaucoup plus
foncée. Il paraîtrait qu'entre autres applications, on
l'a employée pour falsifier la cire d'abeilles.

CHAPITRE VIII.

DE L'OPPOSITION FAITE A L'INTRODUCTION DU PÉTROLE.

Sources de l'opposition.—Objection fondée sur ses propriétés explosives. — Acte du Parlement. — Opposition en raison de son odeur. — Meeting à Birkenhead. — Des conséquences de l'opposition.

A peine introduit dans le commerce et l'industrie, le pétrole a rencontré une violente opposition, dont les effets se font encore vivement sentir à l'heure qu'il est; ne devait-on pas s'y attendre, quand on sait que, par ses précieuses qualités pour l'éclairage, le graissage, etc., cette huile entravait nécessairement et à un haut degré la vente des autres substances affectées aux mêmes usages; aussi les commerçants ont-ils jeté feu et flamme contre un article qui menaçait si fortement leurs propres intérêts.

Le pétrole a encore rencontré d'autres adversaires, mais, pour la plupart, des alarmistes aux idées étroites, genre d'hommes qui s'effrayent si facilement que la frayeur paraît être l'état chronique de leur existence, gens qui ont toujours devant eux quelque sujet d'alarme. Ils avaient entendu dire que le pétrole était excessivement inflammable et explosible, et qu'il répandait une odeur désagréable. Ils avaient aussi entendu parler d'accidents survenus par explosion dans un endroit, et de maladies produites par exhalaisons sur un autre. Au lieu de rechercher les causes de ces effets, ils tirèrent des conclusions immédiates : dans leur esprit, le pétrole est une substance extrêmement dangereuse et nauséabonde, à tel point que son voisinage les met dans le cas d'être, ou foudroyés par explosion ou empoisonnés par une infection délétère. Ils oubliaient qu'il existe une foule d'autres substances d'usage constant et journalier infiniment plus dangereuses et désagréables, et elles donnent lieu, il est vrai, à de nombreux accidents, mais elles sont, à tout prendre, d'une utilité si manifeste, si considérable qu'on ne saurait s'en passer sans d'immenses inconvénients.

OBJECTIONS FONDÉES SUR SES PROPRIÉTÉS EXPLOSIVES.

Quant aux propriétés explosives du pétrole, il a déjà été démontré que ce produit n'est pas en lui-même explosif, mais qu'il émet une vapeur explosible à la température ordinaire ou à des températures auxquelles il est sujet à être exposé pendant le magasinage ou les manipulations ordinaires à son usage.

Or, si nous n'avions pas connaissance d'autres produits jouissant des mêmes propriétés et, par conséquent, que nous ne puissions pas de suite trouver un remède pour parer aux accidents, l'objection à cet égard pourrait être fondée ; mais il est certain que nous manipulons journellement divers autres produits qui, sous ce rapport, sont pour le moins tout aussi dangereux. Prenez, par exemple, la naphte ordinaire, qui est un liquide possédant les mêmes qualités que le pétrole et qui a souvent été la cause d'accidents dangereux, et dont l'usage n'en est pas moins très répandu dans certaines industries, et qui, grâce aux précautions prises dans sa manipulation, ne donne lieu qu'à des accidents très rares. L'emploi du gaz ordinaire de houille n'est pas non plus exempt de danger, et nous pourrions citer de nombreux accidents attribuables non-seulement aux explosions mais à l'inhalation pendant des temps relativement courts.

Le Dr Taylor attache une importance considérable aux propriétés délétères du gaz d'éclairage, et il constate à ce sujet la mort de six personnes, qui ont succombé pendant leur sommeil dans des chambres où il existait des fuites de gaz. Il y a environ deux mois que deux jeunes filles sont mortes pendant leur sommeil, asphyxiées par le gaz, qui s'est écoulé d'un tuyau brisé par le poids de leurs vêtements qu'elles y avaient suspendus avant de se coucher.

M. Tourdes a reconnu qu'une atmosphère chargée d'une trentième ou même d'une cinquantième partie de son volume de gaz de houille affectait sérieusement les animaux.

Il a été également prouvé par le rapport du capitaine Shaw, surintendant des pompiers de Londres, ue 124 incendies ont été causés par le gaz l'année .ernière, tandis que deux sont attribués au naphte et autres huiles minérales.

Et néanmoins, nous admettons le gaz dans nos habitations, sans la moindre hésitation, et son usage loin de décroître augmente dans une proportion très considérable; nous sommes prévenus contre ses propriétés dangereuses, et pour cette raison nous prenons les précautions voulues pour empêcher les accidents.

Il doit en être de même du pétrole; sachant que l'huile brute et l'essence émettent une vapeur explosive, nous devons conséquemment observer certaines précautions dans son emmagasinage et son emploi;

mais ce n'est pas une raison pour que l'importation, la vente et l'usage en soient soumis aux entraves inutiles établies actuellement.

L'huile devrait être emmagasinée dans des bâtiments convenablement ventilés, de sorte que toute vapeur qui s'en dégage puisse s'échapper immédiatement à l'air libre; de même on ne doit tolérer dans ces bâtiments aucune lumière, chandelle ou flamme (1) : ces précautions élémentaires suffiront pour écarter toute espèce de danger dans l'emmagasinage des pétroles. L'ingénieur du conseil des docks de Liverpool a proposé, il y a quelque temps, un excellent projet de bâtiment pour emmagasiner de grandes quantités de pétrole. Ces magasins devaient être établis dans la proximité du grand embarcadère flottant à Birkenhead, mais, pour une raison qui n'a pas été publiée, ce projet paraît avoir été momentanément abandonné.

D'un autre côté, toute fuite de vapeur serait impossible si ces huiles étaient chargées dans des fûts parfaitement étanchés, et des fûts de cette espèce se fabriquent actuellement sur la place de Liverpool; entre autres, M. David Cope, de Naylor Street, Liverpool, a breveté un tambour métallique dont l'usage se répand de jour en jour pour charger le pétrole, le naphte, la térébenthine etc. ; comme il est admirablement adapté au but que s'est proposé l'inventeur et qu'il ne peut s'en dégager aucune espèce de vapeur, nous en ferons ici une description sommaire.

Ce tambour ou fût est formé d'une calandre cylindrique et d'extrémités ou fonds retournés à angles droits tels qu'on les voit à la *fig.* 17, et ces fonds

(1) Cette précaution ne se rapporte pas aux huiles à brûler ou à lubréfier, mais, seulement à l'huile brute et aux essences de pétrole qui émettent des vapeurs à la température ordinaire

sont logés à l'intérieur du tambour, à ses deux extrémités, tels qu'on les voit à la *fig.* 18 ; et des cerceaux
ou anneaux emboutis, et également en métal, sont
en suite adaptés extérieurement pour opérer la jonction desdits fonds avec la calandre, voir *fig.* 19, où
il est indiqué que les cercles intérieurs de ces
anneaux portent sur les fonds mêmes, tandis que le
cercle extérieur forme saillie sur la calandre ; l'étanchéité de cet assemblage est assuré en plongeant le
fût dans un bain de sou-
dure liquide ; la bonde
est fermée par un bou-
chon à vis, voir *fig.* 17.
Avec ces quelques piè-
ces rassemblées, comme
il a été mentionné, on
obtient un fût d'une
étanchéité parfaite et
d'une grande solidité,
on remarquera aussi
que les parties les plus
susceptibles d'avaries
sont protégées par une quadruple disposition de métal.

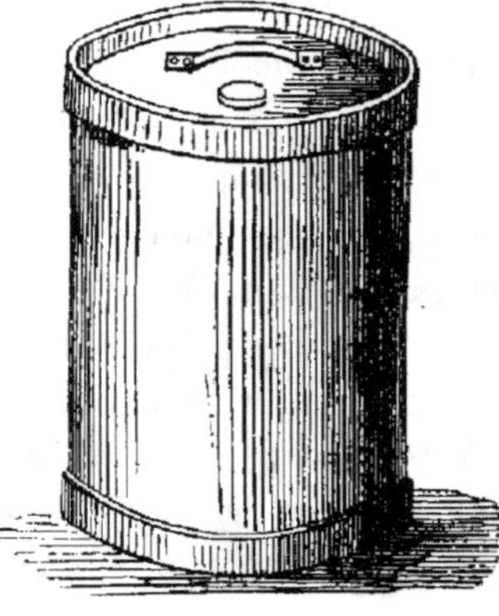

Fig. 17.

Fig. 18.

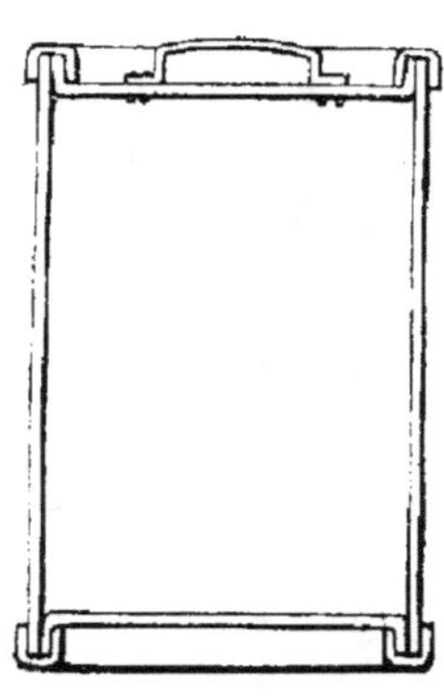

Fig. 19.

ACTE DU PARLEMENT.

Un acte du Parlement a été passé pour pourvoir à la sécurité du magasinage du pétrole et de certains de ses dérivés dangereux pour la vie et la propriété, en raison des vapeurs inflammables qu'ils émettent à basse température.

Cet acte, quoiqu'il garde spécialement contre tout accident pouvant provenir de l'emmagasinage du pétrole en trop grande proximité des habitations, etc., n'affecte nullement la vente des huiles d'éclairage dangereuses. Comme il a déjà été expliqué (et on ne saurait trop s'appuyer sur ce point), les huiles d'éclairage dérivées du pétrole, lorsqu'elles ont été convenablement préparées, ne peuvent offrir aucun danger, mais certains de ces produits, dont la fabrication a été négligée, ne sont pas exempts de danger, et il serait à souhaiter qu'elles ne fussent pas offertes à la consommation. Ces huiles dangereuses sont aussi dérivées d'autres matières que le pétrole. Si l'acte eut frappé d'une clause pénale la vente comme huile d'éclairage de tout liquide émettant un gaz inflammable à une température inférieure à 37° 7 centigrades, il en serait résulté une préparation plus soigneuse de ces matières, et on aurait écarté ainsi du marché toute cause d'accident pouvant résulter de l'emploi de ces huiles dangereuses, dont il reste encore quelques échantillons sur la place.

Tel qu'il existe, il faut le reconnaître, cet acte ne sert guère qu'à mettre des entraves dans cette industrie, par la nécessité de démarches gênantes et inutiles imposées aux industriels voulant obtenir des licences, etc., et qui sont autant d'obstacles au développement d'une grande et importante industrie.

Il est à espérer qu'à mesure que les propriétés du pétrole et de ses sous-produits deviendront plus appréciés, on ne tardera pas à modifier ou rappeler cette loi préjudiciable.

On peut déjà constater que le public commence à être convaincu de l'absurdité qu'il y a à regarder le pétrole comme un agent aussi dangereux qu'on l'avait représenté.

Les compagnies d'assurances qui exigeaient une prime de 183 fr. 75 c. à 262 fr. 50 c. sur le pétrole à bord provenant d'Amérique, l'ont réduite actuellement au chiffre de 62 fr. 50 c. En Belgique, le ministre de l'intérieur a déclaré que le pétrole ne devait pas être considéré comme un de ces articles ou marchandises inflammables devant être soumis à des règlements spéciaux en raison du danger qu'il pouvait présenter.

OPPOSITION EN RAISON DE SON ODEUR.

Il convient actuellement de prendre en considération l'opposition qui a été dirigée contre le pétrole en raison de son odeur. Il faut l'avouer, cette opposition a été des plus violentes, et dans plusieurs occasions les tribunaux ont été saisis de cette question.

Il ne peut être nié que l'odeur du pétrole est désagréable, et il n'y a pas de doute qu'elle peut être une source d'inconvénients très-graves, mais cette question a été grandement exagérée par beaucoup de personnes.

MEETING A BIRKENHEAD.

Le langage tenu par certaines personnes à l'égard de l'odeur du pétrole est parfaitement ridicule et absurde ; ainsi, par exemple, à un meeting récemment

tenu à Birkenhead, un monsieur a gravement soutenu
que l'odeur du guano et des peaux salées était de
l'eau de Cologne ou de l'eau de Lavande comparée à
celle du pétrole. Une assertion aussi saugrenue ne
mérite à peine qu'on s'y arrête, car toute personne con-
naissant l'odeur de ces trois articles, conviendra que
celle des peaux salées, en tout cas, est beaucoup plus
dégoûtante et certainement plus malsaine que le pétrole; mais comme beaucoup de personnes peu au courant de la question pourraient être induites en erreur par
un pareil langage, nous avons cru nous y arrêter un
instant.

Nous ne devons pas négliger non plus de signaler
un autre fait ayant trait à ce même meeting : on sait
qu'il avait été ostensiblement tenu pour discuter la
question des bâtiments projetés par le conseil des
docks de Liverpool, pour emmagasiner le pétrole dans
le voisinage de l'embarcadère flottant. Cinquante personnes environ faisaient acte de présence à ce
meeting, lesquels, au lieu de se présenter pour discuter
librement la question, avaient plus l'air d'une assemblée de personnes réunies spécialement pour
s'opposer à l'introduction du pétrole dans le port
de Birkenhead. Nous n'agiterons pas ici la question de savoir s'il était réellement de l'intérêt du
port de Birkenhead que le pétrole y soit reçu à titre
de marchandise courante, mais nous dévoilerons au
public une ruse honteuse à laquelle on a eu recours
à ce meeting, et nous regrettons d'avoir à constater
que c'est par des ruses de cette nature que la plupart des personnes intéressées ont combattu l'introduction du pétrole. Dans le but probablement de
convaincre les personnes qui doutaient encore de
l'odeur empyreumatique du pétrole, quelques per-

sonnes s'arrangèrent de façon à remplir la salle dans laquelle le meeting se tenait avec des vapeurs du pétrole du Canada, et plusieurs des orateurs qui prirent la parole ensuite ont donné à entendre au public que l'odeur provenait d'une petite bouteille *bouchée* qu'on avait déposée sur la table, et dont la contenance ne dépassait pas une demi-pinte anglaise.

Il n'y a aucun doute que l'odeur infectant la salle ne provenait pas de la bouteille ; pour arriver au résultat qu'on s'était proposé, on avait dû bien arroser la chambre de pétrole ou bien on y avait lancé une certaine quantité de vapeur de pétrole, et c'est probablement cette dernière opération qu'on aura mise en œuvre : quoiqu'il en soit, il n'était pas possible que dans une atmosphère aussi désagréable les personnes assemblées pussent discuter impartialement la question.

De telles manœuvres ne sauraient être trop fortement réprouvées, car elles tendent à fausser le jugement et à impressionner défavorablement les personnes contre un article qui est appelé à être d'une très-grande importance commerciale, et cependant l'opposition actuelle à l'égard du pétrole trouve en grande mesure sa source dans ces manœuvres déloyales.

Le meeting en question était présidé par une personne haut placée, le président des commissaires de Birkenhead à qui incombait le devoir d'assurer la loyauté des opérations, de sorte que les intérêts de la ville n'en soient point lésés ; mais soit par ignorance, soit pour toute autre cause, il s'abstint de tout commentaire sur cet acte honteux, sauf une expression passagère et plaisante qu'il était impossible de prendre pour une improbation. Il est incontestable que c'est

en grande mesure ce meeting qui a empêché la construction, dans le voisinage de Birkenhead, de bâtiments pour le magasinage du pétrole, et la ville aura
ainsi été privée d'une des industries les plus profi-
tables qu'on aurait pu lui présenter.

Quelque temps après que ce meeting eut lieu, les
habitants de Birkenhead durent de nouveau se préoc-
cuper de la question du pétrole comme dans plusieurs
localités ; les habitations furent pendant plusieurs
jours envahies par des émanations que l'opinion publique attribuait, non sans raison, à ce produit ; après
un examen attentif, il fut établi que ces émanations
provenaient des égouts, et on a fortement soupçonné
que les habitants de ces localités ont été victimes
d'une nouvelle malice de la part des personnes intéressées à s'opposer à son introduction, et qui auraient,
à cet effet, versé dans les égouts certaines quantités
d'huile ; il faut avouer cependant que l'enquête qui a
eu lieu n'a pu établir si la présence du pétrole dans
les égouts devait être attribuée à un fait volontaire
ou si elle était accidentelle. Quoi qu'il en soit, il est
bien certain qu'il n'y a aucune nécessité de décharger du pétrole dans les égouts, et s'il provenait d'une
raffinerie ou d'un magasin quelconque soit à dessein,
soit par accident, on aurait en tout cas pu découvrir
la source ; mais il n'en a pas été ainsi. En ce qui regarde
l'incommodité qu'auraient à supporter les habitants
en raison des magasins proposés dans le voisinage du
grand embarcadère flottant, il eût été impossible que
les émanations pussent, de cette distance, être senties
dans la ville. Et toute personne qui se serait donné
la peine de juger impartialement cette question devait nécessairement conclure, en premier lieu, que si
l'huile était convenablement emballée , il ne pourrait

y avoir de fuites ; et, en second lieu, en admettant qu'il existât quelques fuites, l'odeur qui s'en dégagerait ne saurait se faire sentir au delà du voisinage immédiat des magasins.

Il ne peut y avoir de doute que les habitants de Birkenhead ont exagéré les inconvénients du pétrole, car voilà déjà quelque temps que des raffineries de pétrole ont été établies dans des localités plus rapprochées de la ville que n'est l'embarcadère flottant, et aucune plainte ne s'est élevée de leur part, et ce fait est confirmé par les nombreuses habitations qui depuis se sont élevées dans le voisinage immédiat desdites usines.

Il est incontestable que, quoique l'odeur du pétrole ne soit pas en elle-même agréable, elle ne doit pas incommoder les habitants des localités où les usines existent, pourvu que l'huile soit enfermée dans des fûts appropriés et convenablement étanchés, et dans de telles conditions, toute quantité voulue peut être emmagasinée sans que le voisinage soit incommodé par son odeur.

La cause principale des désagréments du pétrole doit être attribuée aux fuites et suintements provenant de fûts défectueux. Ce fait a été prouvé par le rapport d'un des inspecteurs de la ville de Liverpool, qui a été appelé à statuer sur la plainte de certains habitants au sujet des émanations de pétrole déposé dans un ou deux endroits de la ville. Cet employé a constaté que ces émanations provenaient entièrement de fuites de pétrole renfermé dans des fûts défectueux, et dans certains cas, ces fuites devaient être évaluées, selon lui, à 25 p. 0/0 de la quantité totale d'huile.

Il ne peut y avoir de doute que ces faits soient vrais,

il est donc très essentiel de renfermer le pétrole dans des fûts convenablement étanchés.

M. Forwood, un des membres du Conseil des docks de Liverpool, a exposé, devant une assemblée nombreuse des membres de ce Conseil, qu'il avait visité un grand nombre des principaux magasins de pétrole, parmi lesquels il s'en trouvait certains réservés entièrement au pétrole du Canada, et quoique cette huile répande une odeur essentiellement empyreumatique, il a assuré, à ce meeting, qu'il a traversé ces magasins sans être le moins du monde incommodé, et qu'à la distance de quelques mètres des portes on ne pouvait sentir aucune odeur ; il ne faut pas négliger de dire que ces magasins étaient de simples hangars qui n'avaient pas été établis pour entreposer le pétrole, mais auxquels on s'était contenté d'ajouter quelques ouvertures dans la toiture pour faciliter la ventilation. Il a été également frappé de l'apparence robuste du garde-magasin, qui jouissait sous tous les rapports d'une parfaite santé, et on ne saurait difficilement y trouver la preuve de l'insalubrité du pétrole.

Il doit en être de même des raffineries du pétrole ; en opérant avec soin et à l'aide des précautions les plus ordinaires, elles ne doivent donner lieu à aucune plainte fondée. Que l'on fasse seulement comprendre aux fabricants que ces soins et précautions tendent à augmenter le chiffre de leur production et conséquemment de leurs bénéfices, et bien certainement aucune plainte ne s'élèvera à leur égard. Dans une raffinerie bien organisée, les différentes opérations sont conduites de manière à ce qu'il ne puisse se dégager aucune odeur à l'extérieur.

CONSÉQUENCE DE L'OPPOSITION.

Une des conséquences de cette opposition absurde faite au pétrole est une augmentation notable dans la quantité d'huile raffinée importée d'Amérique, par rapport à l'huile brute ; il en résulte que nous sommes privés des bénéfices résultant de l'épurage de ces huiles en Angleterre.

CHAPITRE IX.

DU TRANSPORT DU PÉTROLE VENANT D'AMÉRIQUE.

Frais élevés du transport. — Transports sur vaisseaux.— Vaisseaux en fer à compartiments. — Brevet de MM. Delf et Gibson. — Compagnies publiques.— Projet de M. King pour charger et décharger le pétrole.

Les frais de transport du pétrole sont une des causes principales de l'élévation de son prix de revient. Le transport de ces huiles des puits aux ports d'embarquement peut être coté à 300 ou 400 p. 0/0 de la valeur de l'huile prise aux puits, de sorte que, lorsqu'elle nous arrive, admettant que le fret sur mer soit de dix francs par fût, ce qui représente le prix moyen de New-York, elle nous revient à 650 ou 750 p. 0/0 plus cher qu'à l'endroit de son extraction. Et comme une diminution sur son prix de revient non—

seulement tendrait à augmenter considérablement sa
consommation habituelle, mais de plus faciliterait son
emploi pour des usages que son prix, relativement
élevé, ne permet pas actuellement, il importe donc
d'étudier très sérieusement la question de transport
de cette matière-première. Nous pouvons dès aujour-
d'hui signaler plusieurs dispositions prises dans ce
but par les personnes y intéressées. La Compagnie
du chemin de fer Great-Western construit actuellement une ligne d'embranchement qui reliera directe-
ment les puits d'extraction avec les ports d'embarquement.

On a également projeté la construction d'une route
de Dresde à la rivière de Sydenham, et la Compagnie
du chemin de fer Grand Trunk, du Canada, s'occupe
de la construction de grandes bâches en fer, montées
sur roues, pour le transport du pétrole des puits au
port de Portland. Les moyens de transport actuels de
l'huile ont été décrits au chapitre II.

TRANSPORT SUR VAISSEAUX.

Le fret pour le transport du pétrole sur des vaisseaux ordinaires est excessivement élevé à cause de
sa nature inflammable ainsi que de son odeur désagréable. Il a été reconnu qu'en raison de son odeur
pénétrante, les marchandises ordinaires ne peuvent
être transportées dans des vaisseaux chargés en partie
de pétrole, comme divers articles, tel par exemple
que le blé et la farine en deviennent imprégnés et
dépréciés en valeur (1). Il en résulte que cette huile

(1) Cet inconvénient doit être attribué presqu'entièrement au
défaut d'étanchéité des fûts. La difficulté qu'on éprouve, dans la
région des puits, à satisfaire à la demande toujours croissante
des fûts, a probablement amené quelque négligence dans cette
industrie.

doit être transportée dans des bâtiments réservés spécialement à cet usage.

VAISSEAUX EN FER A COMPARTIMENTS.

M. Gibson de Ramsey (île de Man) a le premier adopté le système de vaisseaux à compartiments en fer pour le transport du pétrole sur mer, et son système a été suivi par d'autres négociants.

Ces bâtiments sont simplement partagés en compartiments en tôle, qui constituent de cette manière une série de bâches qui doivent être étanchées. Lorsqu'un vaisseau est chargé, les bâches sont complétement remplies d'huile, à l'effet d'empêcher tout mouvement de l'huile qui tendrait à déranger la marche du navire, et aussi afin d'empêcher la formation de mélanges explosifs sous forme d'air atmosphérique saturé de vapeur de pétrole.

BREVETS DE MM. DELF ET GIBSON.

Pour permettre la dilatation et la contraction du liquide devant résulter des changements de température, ainsi que pour empêcher tout dégagement de vapeur, MM. Delf et Gibson ont adopté une disposition aussi simple qu'ingénieuse. Cette invention, qui a été brevetée par ces messieurs, consiste à adapter sur la bâche contenant le pétrole un tuyau coudé ou cintré dont l'autre extrémité plonge dans de l'eau contenue dans une seconde bâche ou réservoir.

Toute fuite de vapeur ou de pétrole liquide est ainsi interceptée, et à mesure que l'huile se contracte dans une bâche, l'eau reprend son niveau normal dans l'autre, et *vice versâ*. M. Gibson vient d'expédier en

Amérique deux vaisseaux construits sur ce principe
pour ramener du pétrole en Europe.

COMPAGNIES PUBLIQUES.

Plusieurs Compagnies ont récemment été formées
pour importer le pétrole d'Amérique en Angleterre.

Une de ces Compagnies s'intitule « la Compagnie
commerciale du Pétrole limitée. » Son capital se compose de 2,500,000 francs divisé en 10,000 actions de
250 fr. chacune, avec la faculté de l'augmenter jusqu'à
concurrence de 5,000,000 fr.

Nous publions l'extrait suivant tiré de sa circulaire :

« Cette Compagnie a été établie dans le but d'importer en Europe (sur une échelle capable de suffire
à la demande constamment croissante) le pétrole des
puits naturels de Pennsylvanie et d'autres prove-
nances..... Cette Compagnie se propose d'effectuer
le transport du pétrole principalement dans des vaisseaux à compartiments en fer construits spécialement
pour l'objet en vue, c'est-à-dire afin de pouvoir le
transporter soit dans les compartiments mêmes du
navire, soit dans des fûts chargés à bord, suivant les
besoins du commerce ; et comme ces navires
sont également adoptés pour le chargement des car-
gaisons ordinaires, s'il se présentait dans un moment
donné un commerce plus avantageux, les directeurs
seraient à même d'en tirer partie. Des vaisseaux ainsi
construits en compartiments à l'aide de cloisons trans-
versales et d'une grande cloison longitudinale, présentent aussi l'avantage d'une plus grande solidité
que les navires de construction ordinaire ; on est
fondé à croire que le transport du pétrole fait à l'aide

de ce système de navires sera réduit à son plus bas taux possible. Le fret et l'assurance du pétrole sur les navires ordinaires sont excessivement élevés en raison des difficultés qu'ils présentent ; on est en droit donc de s'attendre à un beau chiffre de bénéfices pour le transport du pétrole effectué par les navires à compartiments. Deux de ces navires sont actuellement en voie de construction, tandis qu'un troisième est sur le point d'entreprendre son premier voyage. »

Cette Compagnie est patronnée par les directeurs les plus influents du Railway Atlantic et Great-Western, dont la ligne sert à établir une communication directe entre la localité des puits et New-York *vià* le Railway Erie.

Une entreprise de cette nature, si elle bien conduite (et il ne paraît qu'il puisse y avoir de doute à cet égard, comme tous les directeurs sont des personnes parfaitement initiées aux affaires et jouissent d'une excellente réputation dans le monde industriel), ne peut manquer d'être couronnée de succès, et elle doit nécessairement, en facilitant les moyens de transport, exercer une influence avantageuse sur l'extension de ce commerce.

Une autre Compagnie a été formée vers la fin de l'année dernière, sous la raison sociale « Compagnie de l'huile naturelle du Canada limitée » avec un capital de 2,500,000 fr. divisé en 20,000 actions de 125 fr. chacune. Cette Compagnie, outre l'entreprise du transport de l'huile de la localité des puits en Europe, se propose d'en faire le raffinage.

Une autre Compagnie est établie en Amérique, sous le nom de « Compagnie américaine du pétrole, » avec un capital de 2,500,000 fr. Cette Compagnie reçoit des licences d'une grande quantité de puits et possède des terrains considérables dans ces localités.

Une Compagnie intitulée « la Compagnie générale du pétrole» a également été formée.

On parle également d'autres Compagnies en train de se monter, et entre autres on a annoncé la formation d'une Société pour l'exploitation des sources de pétrole dans le voisinage de la mer Caspienne.

PROJET DE M. J.-T. KING

POUR CHARGER ET DÉCHARGER LE PÉTROLE.

M. J. T. King, ingénieur de Clayton Square, Liverpool, a proposé le procédé suivant pour charger et décharger le pétrole, afin d'éviter la fuite de toute vapeur désagréable ou nuisible.

Les vaisseaux pour le transport du pétrole seraient construits en tôle et à compartiments, et sur le quai serait disposé une ou plusieurs grandes bâches ou réservoirs destinés à recevoir le pétrole à charger; ces réservoirs seraient pourvus de deux robinets, dont l'un placé à leur partie supérieure et l'autre à leur partie inférieure, et à chacun de ces robinets serait adaptée une longueur suffisante de tuyaux en cuir. Le vaisseau étant amené dans la proximité immédiate du réservoir, on réunit les extrémités libres des tuyaux en cuir aux compartiments de ce navire, et on ouvre les robinets. A mesure que l'huile s'écoule du réservoir dans le compartiment du navire par le tube inférieur, il déplace un volume correspondant d'air ou de vapeur, lesquels fluides, au lieu de s'échapper dans l'atmosphère, sont conduits par le tuyau supérieur dans le réservoir remplaçant l'huile qui s'en est écoulée.

Lorsqu'il s'agirait de décharger un navire, les différents réservoirs sur le quai seraient réunis ensemble à l'aide de tuyaux en cuir, et l'huile serait élevée du navire dans lesdits réservoirs à l'aide de pompes, et effectuerait le déplacement de l'air ou des vapeurs de la manière expliquée à l'égard du chargement.

Afin d'obvier aux inconvénients pouvant résulter de la dilatation ou de la contraction du pétrole, par l'effet du changement de la température pendant le voyage, les compartiments seraient munis de l'appareil breveté de MM. Delf et Gibson, sus décrit. Le procédé que nous venons de décrire trouverait aussi son application pour charger et décharger les fûts etc., ces fûts étant mis en communication avec les réservoirs, de la même manière que ces derniers sont reliés aux compartiments du navire.

Il n'est pas venu à ma connaissance que M. King ait pris des mesures pour l'adoption de son projet ; quoiqu'il en soit, il est évident qu'on en fera l'application tôt ou tard.

CHAPITRE X

RENSEIGNEMENTS DIVERS.

Exportation du pétrole de New-York en 1861 et 1862. — Exportation totale des cinq grands ports des États-Unis en 1862. — Tableau comparatif de l'exportation des États-Unis en 1862 et la première moitié de 1863. — Exportation de tous les ports de mer américains en 1861, 1862 et 1863. — Prix courants à Liverpool. — Capitaux et personnel employés aux États-Unis. — Ordonnance du Préfet de police concernant les huiles de pétrole.

Tableau de l'exportation du pétrole brut et raffiné de New-York pour les années 1861 et 1862.

NOMS DES VILLES	1862	1861
	gallons	gallons
Liverpool	1.781.377	187.251
Londres	1.133.390	115.614
Glasgow	24.181	276.977
Dublin	195	—
Cork	299.356	—
Havre	794.221	73.716
Marseille	135.765	1.600
Bordeaux	200	—
Cette	2.700	80
Dieppe	61.692	—
Anvers	823.090	5.674
Brême	452.522	32.142
Hambourg	229.384	42.348
Rotterdam	16.938	640
Stockholm	81.960	—
Gibraltar	127	200
Palerme	3.990	—
Gênes et Livourne	21.000	62
Lisbonne	—	58
Chine et Indes orientales	3.970	400
Afrique	155	445
Iles Canaries	1.296	—
Madère	430	—
Australie	233.690	168.365
Otago, N. Z.	7.850	—
Sydney, N. S. W	113.750	—
Brésil	54.967	5.882

Tableau de l'exportation du pétrole (suite).

NOMS DES VILLES	1862	1861
	gallons	gallons
Mexique	18.616	3.702
Cuba	213.686	150.703
République Argentine	7.390	4.200
République cisalpine	13.227	206
Chili	17.000	—
Pérou	56.011	—
Guyane anglaise	9.396	3.035
Indes occidentales anglaises	18.888	3.719
Canada	2.948	2.636
Indes danoises	4.102	1.770
Indes hollandaises	7.117	—
Indes françaises	2.332	—
Amérique centrale	1.764	—
Haïti	4.856	964
Venezuela	1.604	610
Nouvelle-Grenade	37.058	15.552
Porto-Rico	25.244	13.925
Total	6.726.473	1.082.476

Ne sont pas compris dans ce tableau les envois pour la Californie, qui étaient très considérables.

Exportation totale des cinq grands ports des Etats-Unis en 1862.

PORTS	QUANTITÉS
	gallons
De New-York	6.730.273
Boston	4.071.100
Philadelphie	2.800.978
Baltimore	174.830
Portland	120.520
	10.887.701

Exportation du pétrole des États-Unis pendant les six premiers mois de 1863 comparée à celle de l'année 1862. (Extrait du *Philadelphia Coal-Oil Circular, and Petroleum Price Current.*)

NOMS DES VILLES	1863	1862	AUGMENTA-TION	DIMINUTION
	gallons	gallons	gallons	gallons
Acapulco	700	—	700	—
Afrique	3.870	345	3.525	—
Alicante	18.000	—	18.000	—
Amsterdam	200	—	200	—
Anvers	1.482.593	127.234	1.355.359	—
Républ. argentine	13.850	2.540	11.310	—
Arroyo, P. R.	500	—	500	—
Australie	416.904	210.940	205.964	—
Bahia	6.000	—	6.000	—
Barbades	33.335	1.090	32.245	—
Belgique	125.174	—	125.174	—
Bombay	7.000	300	6.700	—
Bordeaux	—	200	—	200
Brésil	89.143	15.942	73.210	—
Brême	899.633	21.770	877.863	—
Guyane anglaise	14.692	5.941	8.751	—
Canada	80.925	1.000	79.925	—
Buenos-Ayres	32.000	1.000	31.000	—
Amérique centrale	—	2.059	—	2.059
Calcutta	5.000	1.000	4.000	—
Callao	21.000	—	21.000	—
Iles Canaries	—	100	—	100
Cap Bne-Espérance	3.500	2.000	1.500	—
Cap Vert	10	—	10	—
Cardenas	30.210	—	30.210	—
Cette	—	2.700	—	2.700
Chili	41.440	16.800	24.610	—
Chine	15.314	1.000	14.314	—
Républ. cisplatine	99.145	3.389	95.756	—
Cienfuegos	410	—	410	—
Constantinople	3.500	—	3.500	—
Cork	749.948	170.411	579.537	—
Cuba	297.301	205.328	91.973	—
Dieppe	46.000	—	46.0 0	—
Saint-Domingue	200	—	200	—
Indes-Orientales	200	250	—	50
Falmouth	389.108	—	389.108	—
Fayal	3.990	—	3.990	—
Flores	467	—	467	—
France	659.643	—	659.643	—
Gênes	140.753	—	140.753	—
Gibraltar	178.312	117	178.195	—
Glasgow	188.807	18.206	170.601	—
Grangemouth	287.272	—	287.272	—
Hambourg	963.177	118.997	844.180	—
Havane	930.093	391.618	538.475	—
Havre	44.562	—	44.562	—
Haïti	16.997	3.097	13.900	—
Honduras	940	—	940	—
Irlande	110.400	—	110.400	—

Exportation du pétrole, etc. (suite).

NOMS DES VILLES	1863	1862	AUGMENTA-TION	DIMINUTION
	gallons	gallons	gallons	gallons
Jamaïque	1.000	—	1.000	—
Kingston	4.462	—	4.462	—
Kurachee	2.000	—	2.000	—
Lagayra	8.480	—	8.480	—
Livourne	31.440	—	31.440	—
Lisbonne	3.600	—	3.600	—
Liverpool	3.912.818	1.656.893	2.225.925	—
Londres	2.129.699	1.102.877	1.026.822	—
Malaga	120	—	120	—
Marseille	672.470	51.735	620.735	—
Martinique	195	50	145	—
Matanzas	5.331	—	5.331	—
Maurice	1.000	—	1.000	—
Mayaguez	2.050	—	2.050	—
Mexique	36.199	3.456	32.743	—
Montevideo	48.849	—	48.849	—
Nouvelle-Grenade	81.773	14.232	70.541	—
Nouvelle-Zélande	7.180	—	7.180	—
Oporto	2.139	—	2.139	—
Otago	3.500	7.850	—	4.350
Palerme	49.475	3.990	45.485	—
Pernambuco	1.620	—	1.620	—
Pérou	226.125	2.651	223.474	—
Ponce, P. R	1.540	—	1.540	—
Porto-Rico	41.336	18.184	23.152	—
Port Elisabeth	250	—	25	—
Port Spain	3.924	—	3.924	—
Queenstown	91.391	126.450	—	35.059
Rio-Janeiro	70.997	4.100	66.897	—
Rotterdam	482.159	18.091	464.068	—
Rouen	65.003	—	65.003	—
Saint-André	50	—	50	—
San-Blas	10	—	10	—
Sandwich (îles)	—	2.400	—	2.400
Ecosse	570.913	—	570.913	—
Shanghaï	250	—	250	—
Smyrne	5.710	—	5.710	—
Amérique du Sud	—	300	—	300
Saint-Iago	1.120	—	1.120	—
Saint-Iago de Cuba	2.380	—	2.380	—
Saint-Jean, P. R	9.435	—	9.435	—
Sainte-Lucie	150	—	150	—
Saint-Thomas	3.819	400	3.419	—
Stockholm	—	41.460	—	41.460
Surinam	505	—	505	—
Trinité	1.480	—	1.480	—
Turks Island	42	180	—	136
Venezuela	12.223	204	12.019	—
Indes anglaises	65.907	16.743	49.164	—
— danoises	31.929	3.135	28.794	—
— hollandaises	4.751	1.850	2.901	—
— françaises	6.757	950	5.807	—
— espagnoles	—	9.103	—	9.103
	17.160.774	4.422.718	12.836.033	97.977
	4.422.718		97.977	
	12.738.056		12.738.056	

Exportation de tous les ports de mer américains, renseignements fournis par MM. Holt et Banner, de Liverpool.

1861................................	37.082 fûts
1862...............................	362.593 —
1863 jusqu'au 4 juillet.........	568.535 —

L'Angleterre seule a reçu 245,753 fûts sur l'exportation de 1863. Il résulte de cet aperçu que l'importation anglaise, pendant les six premiers mois de 1863, équivaut aux deux tiers de l'exportation totale de l'année précédente. Ce fait indique en lui-même l'importance et l'accroissement rapide de cette industrie.

Tableau indiquant les prix courants du pétrole et de ses dérivés, à Liverpool, de mai 1862 à mars 1864.

DATES	HUILE BRUTE (la tonne)		HUILE RAFFINÉE (le gallon)		ESSENCE (le gallon)	
1862	de	à	de	à	de	à
Mai	200 f. »	262 50	1 f.85	2 f.15	—	—
Juin	225 »	275 »	1 85	2 15	—	—
Juillet	208 75	300 »	2 15	2 50	2 f.25	2 f.50
Août	287 50	312 50	2 50	2 80	2 05	2 50
Septembre	312 50	412 57	2 50	2 80	—	—
Octobre	500 »	500 »	2 90	3 »	2 70	2 80
Novembre	450 »	518 75	2 80	3 »	—	—
Décembre	500 »	573 »	2 80	3 50	3 75	—
1863						
Janvier	450 »	537 50	2 15	3 »	2 80	3 10
Février	375 »	437 50	1 95	2 05	2 25	2 50
Mars	300 »	325 »	1 55	1 95	1 85	2 15
Avril	287 50	350 »	1 75	2 95	1 85	2 15
Mai	350 »	400 »	2 15	2 50	1 85	—
Juin	400 »	425 »	2 25	2 40	1 55	1 65
Juillet	425 »	450 »	2 50	3 »	1 55	—
Août	425 »	487 50	2 45	2 90	1 35	1 55
Septembre	487 50	550 »	3 10	—	1 35	2 15
Octobre	475 »	488 40	2 50	3 10	—	—
Novembre	384 25	393 75	2 15	2 50	1 65	—
Décembre	362 50	387 50	2 00	2 25	1 55	—
1864						
Janvier	418 75	425 »	2 15	2 50	—	—
Février	—	—	2 15	2 50	1 65	—
Mars	400 »	450 »	2 15	2 25	1 65	—

Ces prix ont rapport au pétrole de Pensylvanie.

La tonne anglaise est de 10.15 kilogrammes, et le gallon de 4.54 litres.

Capitaux et personnel employés dans l'industrie du pétrole aux États-Unis d'Amérique.

Le nombre de personnes occupées dans cette industrie, aux États-Unis seulement, est de 7 à 8,000, et les capitaux engagés dans les différentes branches de cette exploitation sont estimés à 10 millions de francs.

Avis sur l'emploi des lampes à pétrole et autres hydrocarbures.

Les recommandations suivantes à l'égard de ces lampes ont été publiées par le bureau sanitaire de Bruxelles; comme elles peuvent être d'une certaine utilité, j'ai jugé à propos de les reproduire :

« La lampe doit être constamment fermée hermétiquement. Chaque fois qu'elle présenterait une communication directe entre le récipient d'huile et la flamme, elle doit être mise hors d'emploi parce qu'une explosion serait à craindre. Le récipient peut contenir une quantité d'huile plus que suffisante pour la consommation d'une soirée, et doit être en verre ou autre matière transparente afin qu'on puisse facilement se rendre compte de la quantité d'huile contenue dans la lampe. Le pied doit en être large et continuellement chargé, afin de donner plus de stabilité et d'empêcher qu'elle ne renverse. On doit avoir soin, avant d'allumer la lampe, de s'assurer qu'elle contient une quantité suffisante de pétrole, et, lors de son épuisement, on devra laisser écouler un temps suffisant pour la laisser refroidir avant de la charger de nouveau. »

PRÉFECTURE DE POLICE.

*Ordonnance qui prescrit la publication de l'instruc-
tion du conseil de salubrité concernant l'emploi
des huiles de pétrole destinées à l'éclairage.*

Paris, 15 juillet 1864.

Nous, préfet de police,

Considérant que plusieurs accidents ont été causés
par les huiles de pétrole destinées à l'éclairage;

Que la cause de ces accidents doit être attribuée à
l'ignorance où l'on est, en général, des mesures de
précaution à prendre pour l'emploi de ces huiles;

Ordonnons ce qui suit :

ARTICLE UNIQUE. L'instruction du conseil d'hygiène
publique et de salubrité du département de la Seine,
concernant l'emploi des huiles de pétrole destinées à
l'éclairage, sera imprimée et affichée à Paris et dans
les communes du ressort de la préfecture de police.

Le préfet de police,

BOITTELLE.

Instruction concernant l'emploi des huiles de pétrole destinées à l'éclairage, approuvée par le préfet de police, le 29 juin 1864.

————————

L'emploi de l'huile de pétrole présentant des dangers, il importe de faire connaître au public les précautions à prendre pour les éviter.

L'huile de pétrole, convenablement épurée, est à peu près incolore. Le litre ne doit pas peser moins de 800 grammes. Elle ne prend pas feu immédiatement par le contact d'un corps enflammé.

Pour constater cette propriété essentielle, l'on verse du pétrole dans une soucoupe, et l'on touche la surface du liquide avec la flamme d'une allumette; si le pétrole a été dépouillé des huiles légères, très combustibles, non-seulement il ne s'allume pas, mais si l'on y jette l'allumette enflammée, elle s'éteint après avoir continué à brûler pendant quelques instants.

Toute huile minérale destinée à l'éclairage, qui ne soutient pas cette épreuve, doit être rejetée comme pouvant donner lieu, par son usage, à des dangers sérieux.

L'huile de pétrole, alors même qu'elle ne renferme plus les essences légères dites *naphtes*, qui lui communiquent la faculté de s'allumer au contact d'une flamme, n'en est pas moins une des matières les plus combustibles que l'on connaisse; si elle imbibe des tissus de lin, de coton ou de laine, son inflammabilité est singulièrement exaltée; aussi son emmagasinage, son débit exigent-ils une grande circonspection.

L'huile de pétrole doit être conservée ou transportée

dans des réservoirs ou dans des vases en métal. Les dépôts doivent être éclairés par des lampes placées à l'extérieur ou par des lampes de sûreté.

Lampes. — Une lampe destinée à brûler du pétrole ou toute autre huile minérale ne doit avoir aucune gerçure, aucune fêlure établissant une communication directe avec l'enceinte où la mèche fonctionne. Le réservoir doit contenir plus d'huile que l'on en peut brûler en une seule fois, afin que la lampe ne puisse pas être vide pendant qu'elle brûle.

Les réservoirs en matières transparentes, comme le verre, la porcelaine, sont préférables, parce qu'ils permettent d'apprécier le volume de l'huile qui y est contenue.

Les parois des réservoirs doivent être épaisses, les ajustages qui les surmontent doivent être fixés, non pas à simple frottement, mais par un mastic inattaquable par les huiles minérales.

Le pied des lampes doit être lourd et présenter assez de base pour donner plus de stabilité et diminuer les chances de versement.

Emploi de l'huile dans les lampes. — Avant d'allumer une lampe, on doit la remplir complétement, et ensuite la fermer avec soin.

Lorsque l'huile est sur le point d'être épuisée, il faut éteindre et laisser refroidir la lampe avant de l'ouvrir pour la remplir. Dans le cas où l'on voudrait introduire l'huile dans la lampe éteinte avant son complet refroidissement, il est indispensable de tenir éloignée la lumière avec laquelle on éclaire pour procéder à cette opération.

Si le verre d'une lampe vient à casser, il faut éteindre immédiatement, afin de prévenir l'échauffement des garnitures métalliques. Cet échauffement, quand il atteint une certaine intensité, vaporise l'huile contenue dans le réservoir; la vapeur peut prendre feu, déterminer une explosion entraînant la destruction de la lampe, et par suite, l'écoulement d'un liquide toujours très-inflammable et souvent même déjà enflammé.

Le sable, la terre, les cendres, le grès, sont préférables à l'eau pour éteindre les huiles minérales en combustion.

Brûlures. — En cas de brûlures, et avant l'arrivée du médecin, il sera très-utile de couvrir les parties blessées avec des compresses imbibées d'eau fraîche, souvent renouvelées.

Les membres de la commission,
BOUDET,
CHEVALIER,
BOUSSINGAULT, rapporteur,

Lu et approuvé dans la séance du 20 mai 1864.

Pour le vice-président,   *Le secrétaire,*
CHEVALIER.   TRÉBUCHET.

ADDITION AU CHAPITRE IV.

Depuis que ce chapitre a été composé, MM. Pelouze et Cahours ont annoncé la découverte de quatre autres hydrocarbures, contenus dans le pétrole, en sus de ceux mentionnés à la page 41. Ces matières sont : $C^{24} H^{26}$, hydride de lauryle ; $C^{24} H^{22}$, hydride de cocinyle ; $C^{28} H^{40}$, hydride de myristyle, et $C^{30} H^{22}$, qui n'a pas encore reçu de dénomination. Ces Messieurs annoncent également qu'ils n'ont pas réussi à trouver soit du benzole, soit aucun de ses homologues dans ce pétrole. (Voir *Chemical News* du 25 juillet 1863, page 44.) Le résultat de cette analyse confirme les remarques faites aux pages 36 et 51. — A. N. T.

FIN.

TABLE DES MATIÈRES

PARIS. — IMPRIMERIE DE DUBUISSON ET Cⁱᵉ, RUE COQ-HÉRON, 5.